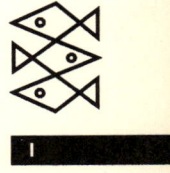

Die Reihe **Köpfe & Ideen** präsentiert große Forscher und Forscherinnen, die mit ihren revolutionären Ideen unser Bild der Welt beeinflußt und verändert haben. Anschaulich und anregend, kompetent und kompakt beschreiben die einzelnen Bände die Vorgeschichte und den »magischen Moment« der Entdeckung. Parallel dazu zeichnen sie ein Lebensbild dieser Männer und Frauen, die die Grenzen des Denkens ihrer Zeit sprengten und unser Wissen über die Welt und uns selbst erweiterten.

Weitere Bücher in dieser Reihe: ›Crick, Watson & die DNA‹, Bd. 14112; ›Einstein & die Relativität‹, Bd. 14114; ›Hawking & die Schwarzen Löcher‹, Bd. 14111; ›Newton & die Schwerkraft‹, Bd. 14116; ›Oppenheimer & die Bombe‹, Bd. 14119; ›Pythagoras & sein Satz‹, Bd. 14115; ›Turing & der Computer‹, Bd. 14113; ›Archimedes & der Hebel‹, Bd. 14117 (in Vorbereitung); ›Bohr & die Quantentheorie‹, Bd. 14120 (in Vorb.); ›Curie & die Radioaktivität‹, Bd. 14121 (in Vorb.); ›Darwin & die Evolution‹, Bd. 14395 (in Vorb.).

Paul Strathern, geboren in London, studierte Philosophie und Mathematik. Er ist Autor zahlreicher Bücher, darunter mehrere Romane und Reisebeschreibungen. Er schreibt für verschiedene Magazine und Zeitungen (*The Observer, The Daily Telegraph, The Irish Times*). Strathern lebt in London.

Das Leben des toskanischen Mathematikers **Galileo Galilei** (1564–1642) ist bis heute verbunden mit einer Legende: der angeblichen Weigerung, vor der Inquisition seine astronomischen Entdeckungen zu widerrufen. Daß der Mensch den göttlichen Schöpfungsplan durch physikalische Erkenntnisse entschlüsseln könne, diese für die Kirche wahrhaft provokative Überzeugung hat Galilei als erster zum Leitgedanken seiner Forschungen gemacht.

Strathern beschreibt das Leben, die Entdeckungen und die zentralen Ideen dieser kontroversen Gestalt an der Schwelle zur Neuzeit, der wir nicht nur das Thermometer, den militärischen Kompaß und funktionstüchtige Teleskope verdanken, sondern auch das Bild des Himmels, »wie er wirklich ist«.

& Ideen

Köpfe

Paul Strathern

Galilei &
das Sonnensystem

Aus dem Englischen
von Xenia Osthelder

Fischer Taschenbuch Verlag

Köpfe

6

Deutsche Erstausgabe
Veröffentlicht im Fischer Taschenbuch Verlag GmbH,
Frankfurt am Main, März 1999

Die englische Originalausgabe erschien 1997
unter dem Titel ›Galileo & the Solar System‹
im Verlag Arrow Books, London
Copyright © Paul Strathern, 1997
Für die deutsche Ausgabe
© 1999 Fischer Taschenbuch Verlag GmbH, Frankfurt am Main
Reihenkonzeption: Stephanie Keyl und Katja von Ruville
Frontispiz: AKG Berlin
Gesamtherstellung: Clausen & Bosse, Leck
Printed in Germany
ISBN 3-596-14118-4

Inhalt

Einleitung

Galilei hätte ein Märtyrer der Wissenschaft werden können, war aber so weise, sich vor dieser Rolle zu drücken. Statt dessen schwor er feierlich, sich geirrt zu haben. An den Tatsachen änderte dies – wie er wußte – nichts.

Galilei schlägt eine Brücke zwischen der Renaissance Leonardo da Vincis und dem wissenschaftlichen Zeitalter Newtons. Die Renaissance-Denker machten sich die Erkenntnis der alten Griechen zu eigen, daß die Wahrheit ausschließlich durch empirische Überprüfung oder Beweise und nicht durch das Zitieren von Autoritäten zu finden ist. Der sich entwickelnde selbstbewußte Humanismus inspirierte alle Bereiche der Gelehrsamkeit, doch seine Ergebnisse lassen sich in den meisten Fällen mit den Aufzeichnungen Leonardo da Vincis vergleichen – sie sind weitgefächert, brillant, aber ohne System und Kohärenz. Dennoch ist es diesen Denkern zu verdanken, daß die geistige Finsternis des Mittelalters ein Ende fand.

Nach Leonardo brach das Zeitalter von Descartes und Galilei an. Der französische Philosoph begründete die Philosophie der Vernunft, die auf der berühmten Prämisse »Cogito, ergo sum« (Ich denke, also bin ich) beruht. Galilei versah den neugeborenen Verstand mit Augen und Sinnen. Mit Hilfe des Thermometers, verschiedenen Meßapparaten und einem sehr verbesserten Teleskop bewies er, daß die Wirklichkeit wissenschaftlich erfaßbar ist und die Sonne das Zentrum des mittlerweile nach ihr benannten Systems. Im Mittelalter war

& Ideen

man überzeugt, daß die physikalischen Gesetze nur auf die Erde anwendbar seien und Planeten und Sterne nach einem eigenen himmlischen System funktionierten. Nach Galilei war der Weg frei für eine umfassende wissenschaftliche Erklärung des Universums.

Leben und Werk

Galileo Galilei erblickte am 15. Februar 1564 in Pisa das Licht der Welt, nur wenige Tage vor dem Tod des neunundachtzigjährigen Michelangelo, einem der letzten Heroen der Renaissance. Die Vorfahren der Familie Galilei sollen aus dem Mugello stammen, einem abgelegenen Bergtal etwa zwanzig Kilometer nördlich von Florenz. Jene von der Umwelt abgeschnittene Region muß ein erstaunliches Genreservoir gewesen sein, denn sie brachte auch die Künstler Fra Angelico und Giotto sowie Bauherren wie Lorenzo de' Medici hervor.

Galileis Vater Vincenzo entstammte einer verarmten florentinischen Adelsfamilie. Obwohl er sehr begabt war, wurde er, wohl wegen seines streitlustigen Temperaments, sein ganzes Leben lang von finanziellen Sorgen geplagt. Er hatte in Venedig Musik studiert und stand im Ruf, der führende Musiktheoretiker seiner Zeit zu sein. Sich gegen das von den Griechen übernommene kompositionstechnische Regelwerk auflehnend, argumentierte er, Musik solle bei der Aufführung das Ohr erfreuen. Es reiche nicht aus, wenn sie auf dem Papier der pythagoreischen Zahlenmystik genüge. Seine Schriften spielten eine wesentliche Rolle für die Befreiung der Musik und waren Wegbereiter der modernen temperierten Stimmung, die im 17. Jahrhundert entstand.

Wie der Vater, so der Sohn. Galileo war ein intelligenter, wichtigtuerischer Rotschopf, dessen Aufgeschlossenheit und Charme einen komplizierten Charakter verbargen. Die häuslichen Verhältnisse waren nicht einfach. Mutter

Giulia hatte sich ihrer Meinung nach unter ihrem Stand vermählt und war verbittert über ihre Ehe mit einem Taugenichts. Sie nörgelte an ihrem Mann herum und stellte hohe Ansprüche an den Sohn. Es tat Galileos Selbstvertrauen gut, im Mittelpunkt des mütterlichen Interesses zu stehen. Dennoch verbarg sich hinter seinem jugendlichen Überschwang Unsicherheit, eine Folge seiner stürmischen familiären Verhältnisse.

Galilei war zehn, als die Familie von Pisa nach Florenz umsiedelte. Dort wurde sein Vater Hofmusiker und ein bekannter streitbarer Geist. Den jungen Galilei schickte er ins Kloster Vallombrosa, das unweit östlich von Florenz gelegen ist, zur Schule. Zutiefst zum klösterlichen Leben hingezogen, wollte er Novize werden. Vincenzo hatte jedoch andere Pläne für seinen Sohn. Als Galilei vierzehn Jahre alt war, holte ihn der Vater aus Vallombrosa und ließ ihn in Florenz von verschiedenen Lehrern unterrichten.

1581 kehrte Galilei siebzehnjährig in seine Heimatstadt Pisa zurück, um Medizin zu studieren. Sein Vater hatte ihn für die ärztliche Laufbahn vorgesehen, weil er sich davon eine Besserung der prekären finanziellen Lage der Familie versprach.

Der von der mittelalterlichen Scholastik geprägte Lehrplan der Universität langweilte Galilei nach kurzer Zeit. Außerhalb der universitären Mauern war längst ein neues Zeitalter angebrochen, die Renaissance hatte Kunst und Architektur verwandelt und den Menschen ein neues Selbstvertrauen gegeben. Der Handel und das

Bankenwesen pumpten Lebensblut in die Adern Europas; Luther und Calvin hatten die Allmacht der Kirche gebrochen; Kolumbus hatte das Tor zu Amerika aufgestoßen; die Portugiesen führten Handel mit China. Nur das Erziehungswesen war in seinen festgefahrenen Gleisen steckengeblieben. Die überholte Naturphilosophie des Aristoteles schwang noch immer das Szepter; die Medizin baute auf Galens gefährlich unzulänglicher Physiologie auf, und man interpretierte noch immer lateinische und griechische Texte.

Galilei machte aus seiner Verachtung für die Dozenten keinen Hehl. Sie irrten sich häufig, und er ließ nicht locker, bis er sie argumentativ in die Enge getrieben hatte. So pflegte er in der Vorlesung aufzustehen und ironische Fragen zu stellen. Nach Aristoteles würden schwere Körper doch schneller als leichte fallen, wieso, bitte schön, hätten dann die Hagelkörner alle dieselbe Geschwindigkeit, wenn sie auf den Boden prasselten? Wenn der Dozent dann erwiderte, das läge daran, daß die leichten Hagelkörner offensichtlich aus geringerer Höhe fielen, reagierte Galilei mit der verdienten Verachtung. Allerdings straften auch Galileis Lehrer seine Arroganz mit nicht weniger verdienter Verachtung. Galilei war zwar höchst scharfsinnig, doch im gesellschaftlichen Umgang mit anderen ließ er jeglichen Scharfsinn vermissen. Auch seinen Kommilitonen gegenüber gab er sich herablassend. Da sein Verstand nicht genügend gefordert wurde, suchte er sich Anregung in Schenken und Bordellen.

& Ideen

Der lebhafte rotbärtige junge Mann war für die sinnlichen Freuden des Studentenlebens wie geboren, doch noch größer war sein intellektueller Appetit. Von Weihnachten bis Ostern residierte der Großherzog der Toskana mit seinem Hof statt in Florenz in Pisa. Einige wenige Monate lang wurde aus der verträumten Provinzstadt ein Zentrum des gesellschaftlichen Lebens mit allen nur erdenklichen kosmopolitischen Zerstreuungen. Galilei verschaffte sich heimlich Zutritt zu den Privatvorlesungen des Hofmathematikers Ostilio Ricci und war auf der Stelle fasziniert. Er hatte sich schon immer für abstrakte Berechnungen interessiert, doch an der Universität betrachtete man die Mathematik als nebensächlich. So blieb der Mathematiklehrstuhl während Galileis gesamter Studienzeit unbesetzt, nachdem der Professor einem anderen Ruf gefolgt war.

Galilei schmuggelte sich nun regelmäßig in Riccis Vorlesungen, die für die jungen Männer bei Hofe bestimmt waren. Eines Tages faßte er Mut und stellte Ricci nach der Vorlesung Fragen. Ricci erkannte die außergewöhnliche Begabung Galileis und bestärkte ihn in seinem mathematischen Interesse.

Endlich hatte Galilei einen Lehrer gefunden, den er bewunderte. Ricci war nicht nur Hofmathematiker, sondern auch ein hervorragender Militäringenieur. Einige Jahre später erhielt er den Auftrag, die Inselfestung Château d'If vor der Küste von Marseille wieder aufzubauen, die in Dumas' berühmtem Roman ›Der Graf von Monte Christo‹ eine Rolle spielt. Ricci war ein

Beispiel dafür, daß man mit der Mathematik gutes Geld verdienen konnte, wenn man sie praktisch anwendete.

Vincenzo war nicht begeistert, als er hörte, daß sein Sohn die medizinischen Studien schleifen ließ. Er fand sich allerdings langsam mit der Tatsache ab, daß Galileo nie Arzt werden würde, da ihm dazu schlichtweg die Neigung fehlte. Als der Hof wieder nach Florenz aufbrach, bat Vincenzo Ricci, seinen Sohn zu unterrichten. Ricci brachte Galilei die Lehren Euklids und Archimedes' bei. Euklids Klarheit und strenge Beweisführung eröffneten Galilei eine neue Welt. Die traditionelle scholastische Argumentation berief sich immer auf Autoritäten wie etwa Aristoteles. Euklid hingegen untermauerte seine Behauptungen mit mathematischen Beweisen. In seinen ›Elementen‹ hatte Euklid die Fundamente der Geometrie niedergelegt und Methoden entwickelt, die später auch von der Mathematik übernommen wurden. Ausgehend von einfachen, selbstverständlichen Definitionen, etwa für Punkt, Linie und Dreieck, entwickelte er unter Anwendung von fünf nicht weiter begründbaren Postulaten hochkomplexe Schlußfolgerungen, wobei er alles strengstens bewies. Indem er eines auf das andere aufbaute, errichtete er die unwiderlegbare Struktur der Geometrie.

Nach Euklid kam Archimedes. Der bedeutende Mathematiker fand 212 v. Chr. ein tragisches Ende, als er bei der Einnahme von Syrakus von einem römischen Soldaten erschlagen wurde. Galilei erkannte die Meisterschaft des alten Griechen auf den ersten Blick: »Wer die Schriften des Archimedes liest, erkennt nur allzu deutlich, wie sehr alle anderen Geister unter dem des Archimedes stehen.« Archimedes sei der größte Mathematiker aller Zeiten gewesen. Er sei nicht allein ein brillanter Theoretiker, sondern auch ein Pionier der Statik gewesen, habe ohne fremde Hilfe die Hydrostatik begründet, den Flaschenzug konstruiert und sogar eine Wasserschraube gebaut, abgesehen davon, daß er die Zahlenmagie weiterentwickelt und sich auf dem Gebiet der Berechnungen von Eigenschaften parabolischer Körper hervorgetan habe.

Galilei stellte in kurzer Zeit unter Beweis, daß auch er auf praktischem Gebiet höchst begabt war. Eine häufig erzählte Anekdote berichtet, wie er eines Sonntags im Dom von Pisa, als er eine lange Predigt über sich ergehen lassen mußte, von einer schwingenden Lampe fasziniert wurde, die an einem langen Draht von der Decke hing. Ihm fiel auf, daß die Lampe unabhängig davon, wie weit sie aus ihrer Ruhelage ausgelenkt war, immer die gleiche Zeit brauchte, um eine Schwingung zurückzulegen. In einem Anflug genialer Inspiration erkannte Galilei, daß sich daraus ein Zeitmaß ableiten ließ, um die Pulsfrequenz zu messen. Kaum war er zu Hause, konstruierte er aus einem Stück Schnur und einem Bleigewicht ein Pendel. Dann führte er eine Reihe von Experimenten mit unterschiedlichen Gewichten und Schnüren durch. Schließlich konstruierte er einen Pendelapparat zur Pulsmessung. Er zeigte ihn einigen Mitgliedern der medizinischen Fakultät. Sie waren davon so beeindruckt, daß sie die Idee umgehend klauten. Dennoch wurde Galilei wegen seines *pulsologium*, wie es getauft wurde, zur Lokalgröße. Später verwendete man Nachbildungen seines Apparates in ganz Italien, doch für Galilei schlug sich dies weder in klingender Münze noch in Erfinderruhm nieder. Patente waren im sechzehnten Jahrhundert völlig unbekannt. Damals waren Geheimhaltung, Plagiat, Spionage und Fälschung Teil des normalen Produktionsprozesses.

Diese wirtschaftlichen Gepflogenheiten führten dazu, daß Galilei eines Tages keinen Pfennig mehr in der Tasche hatte. Völlig abgebrannt kehrte er 1585 nach vier Jahren Studium ohne Examen nach Hause zurück. Das konnte allerdings einen so selbstbewußten Menschen wie Galilei nicht entmutigen. Er ließ sich als Mathematiker nieder und hielt, wann immer und wo immer er konnte, Vorträge. Anfangs hatte er nur wenig Zulauf, so daß er sogar in seiner alten Schule in Vallombrosa Stunden geben mußte.

Schließlich gelang es Vincenzo, seine Beziehungen zum Hof spielen zu lassen, und Galilei durfte gelegentlich an der angesehenen Florentiner Akademie Vorlesungen halten. Diese war in den sechziger Jahren des 16. Jahrhunderts vom ersten Medici, Großherzog Cosimo I., gegründet worden. (Er ist nicht mit dem großen Bankier, Mäzen und Begründer der Dynastie zu verwechseln, der die Stadt ein Jahrhundert zuvor, in der Frührenaissance, regierte.) Die Florentiner Akademie war den edelsten Idealen der Renaissance verpflichtet. Ihr Ziel war es, den *uomo universale* hervorzubringen, dessen Kenntnisse sich auf alle Wissensgebiete erstreckten, wobei die Breite seines Wissens durch die Tiefe seiner Weisheit ergänzt werden sollte.

1585 hatte Francesco, der Sohn Cosimos I., die Herrschaft angetreten. Francesco war vor allem an den neuen Wissenschaften interessiert. Er verfügte sogar über ein Privatlaboratorium im Medici-Palast. Dort soll er als erster Steinsalzkristalle geschmolzen haben. Leider war er höchst leichtgläubig. Er war nicht nur ein großer Quacksalber, sondern probierte auch nach alter Tradition alles an sich selbst aus. 1587 starb er bei dem Versuch, sich mit einem Mittel vom Fieber zu kurieren, das laut Galileis Biograph James Reston »aus Drüsen von Krokodilen gewonnen und mit Sekreten von Stachelschweinen, peruanischen Bergziegen und indischen Gazellen zusammengebraut« wurde. Er starb, wie nicht weiter verwunderlich, einen langsamen, qualvollen Tod.

Galileis alternder Vater war nach wie vor in seine musiktheoretischen Kontroversen verwickelt. Vincenzo machte sich daran, die pythagoreische, auf einer beschränkten Anzahl Intervalle basierende Harmonienlehre zu erweitern. Er bat seinen Sohn, ihm dabei zu helfen. Zusammen führten sie eine Reihe von Experimenten mit Saiteninstrumenten durch. Vincenzo wollte beweisen, daß Wohlklang entstand, wenn Länge oder Dicke der angeschlagenen Saiten in bestimmten Zahlenverhältnissen zueinander standen. Diese Versuche und die Methodik seines Vaters beeinflußten Galilei nachhaltig. Er lernte daraus, daß man mathematische Regeln mit physikalischen Beobachtungen testen mußte. Hier erlebte er eine praktische Anwendung der Beweise des Euklid, die ihn so faszinierten.

So groß Galileis Bewunderung für die Alten war, einschüchtern ließ er sich nicht von ihnen. Etwa zu jener Zeit veröffentlichte er eine kleine Abhandlung mit dem Titel ›La Bilancetta‹ (Die kleine Waage). Hierin beschrieb er den berühmten Versuch Archimedes' zur Feststellung des Gold- und Silbergehalts von König Hierons Goldkrone. Der unehrliche Goldschmied hatte behauptet, die Krone bestehe aus purem Gold. Galilei besaß die Kühnheit, den Versuch des Archimedes noch zu verbessern, indem er eine andere Methode vorschlug, den Anteil der verschiedenen Metalle festzustellen. Er erfand dafür eine eigene Waage. Sie wurde als *la bilancetta* bekannt und war ein sehr empfindliches Gerät, das kleinste Gewichtsunterschiede registrierte und dessen Herstellung höchste technische Kunstfertigkeit verlangte. Sie war von äußerster Schönheit, was für ihre Zeit und ihren Erfinder typisch war. Wie später das *pulsologium* wurde sie überall in Italien bestaunt. Doch wieder einmal bestand Galileis Lohn nur in kurzem Ruhm statt in klingender Münze. Es zeichnete sich allerdings bereits zu jener Zeit ab, daß er ein behagliches Leben mindestens ebenso anstrebte wie wissenschaftliche Ehrungen.

Galilei hoffte, daß er sich durch eine Ernennung zum Mathematikprofessor an einer der italienischen Universitäten finanziell absichern konnte. Wenn man bedenkt, daß er keinen Abschluß besaß, war das eine recht originelle Idee. Leider waren Mathematiklehrstühle höchst rar, da die Mathematik von den scholastischen Akademikern noch verachtet wurde. In ihren Augen war sie nicht viel mehr als ein Anhängsel der Astrologie.

Selbst die Florentiner Akademie war in ihren Unterrichtsinhalten merkwürdig mittelalterlich geblieben. Die Gemüter erhitzten sich damals beispielsweise hauptsächlich über die Frage, wie groß denn nun Dantes Hölle und wo sie zu finden sei. Dante beschreibt seine rein fiktive Unterwelt in allen Einzelheiten und verzichtet auch nicht auf phantasievolle Andeutungen hinsichtlich Ort und Größe. Diese scheinbaren Hinweise wurden von der Akademie wörtlich genommen, nur reichten die Geographie- und Mathematikkenntnisse der literarischen Fakultät nicht aus, um die Fragen ohne fremde Hilfe zu beantworten. Deshalb durften sich nun alle Fakultäten an der Wahrheitsfindung beteiligen.

Galilei packte die Gelegenheit beim Schopfe und kündigte eine öffentliche Vorlesung an, in welcher er die exakte Topographie der Hölle verkünden wollte. Einige Forscher sehen darin nichts weiter als einen weiteren Versuch Galileis, Aufmerksamkeit zu erregen und sich eine Gelegenheit zu verschaffen, um vor dem Großherzog zu glänzen und einen mächtigen Mäzen zu gewinnen. Doch das ist nur die halbe Wahrheit. Galilei glaubte tatsächlich an die Existenz der Hölle Dantes.

In vielerlei Hinsicht blieb Galilei zeit seines Lebens ein mittelalterlicher Mensch. Obwohl er in wissenschaftlicher Hinsicht höchst aufgeweckt war, erschütterte das weder sein Weltbild noch seinen Glauben an die Autorität der Kirche oder literarische Märchen. Seine Verachtung für sogenannte Autoritäten beschränkte sich auf den Bereich, in dem er sich auskannte und wo er wußte, daß seine Gegner keine Ahnung hatten. In Galileis Persönlichkeit existierten Mittelalter und Neuzeit Seite an Seite. Das Aufeinanderprallen dieser beiden unvereinbaren Welten könnte sogar als schöpferischer Impuls gewirkt haben. Galileis Zeitgenosse Shakespeare war ähnlich gespalten, und Galileis Nachfolger Newton war innerlich noch zerrissener: er vollbrachte den intellektuellen Balanceakt, fest an das mathematische Universum der Astronomie zu glauben und gleichzeitig im magischen Universum der Alchemie verwurzelt zu sein.

Galileis Rede vor der Florentiner Akademie im Saal des Medici-Palastes im Jahre 1588 ist beispielhaft für sein widersprüchliches Weltbild. Er stellt die Autorität des mittelalterlichen Dante nicht im geringsten in Frage, und doch untersucht er Dantes Text mit dem forschenden Verstand eines Wissenschaftlers. Galilei kam zu der Erkenntnis, die Hölle sei wie ein umgekehrter Kegel geformt, liege unter Jerusalem und umfasse $1/12$ des Erdvolumens. Um das Maß vollzumachen, lieferte er eine streng mathematische Berechnung der Größe Luzifers, die ausschließlich auf Dantes Gedicht beruhte. Er folgerte, »daß Luzifers Größe 1935 Armlängen beträgt«.

Galileis – aus heutiger Sicht zumindest merkwürdige – Demonstration wurde von der Akademie mit Wohlwollen aufgenommen. Galilei war am Ziel. Der Direktor der Akademie versicherte, er werde Galilei unterstützen, wenn dieser sich um den mathematischen Lehrstuhl in Bologna bewerbe.

Der Posten war nach dem Tode Ignazio Dantis verwaist. Danti hatte auch die Stelle des päpstlichen Kosmographen (Geograph im heutigen Sprachgebrauch) innegehabt, die einzige wissenschaftliche Position, welche die Kirche zu vergeben hatte. Sie war wichtig, da die Kirche kaum die Existenz Afrikas oder Chinas leugnen konnte, nur weil sie weder in der Bibel noch in den Werken Aristoteles' erwähnt werden. Danti hatte sich sogar den neuen pontifikalen Meridian, nach dem die Längengrade gemessen wurden, in den Steinboden seines Amtszimmers hoch oben im Turm der Winde im Vatikan in den Boden einlegen lassen. Zu dieser Zeit wurde offensichtlich, daß die Jahreszeiten nicht dem Kalender entsprachen. Der Papst führte deshalb im Jahre 1582 den Gregorianischen Kalender ein, wodurch das Datum um zehn Tage nach vorn verschoben wurde. Bei der Einführung dieses Kalenders kam es in ganz Europa zu Aufständen. Empörte Massen verlangten die zehn Tage zurück, die man ihnen geraubt habe. Dieser kühne Schritt zeigt, daß die Kirche auch Entscheidungen treffen konnte, die dem zeitgenössischen Denken weit voraus waren. Doch im Falle Galileis entsprang der sich abzeichnende Konflikt zwischen Kirche und Wissenschaft einem Widerspruch zwischen biblischer Auslegung und astronomischen Beobachtungen.

Nach Dantis Tod bewarb sich Galilei um die Stelle des Mathematikprofessors in Bologna, wurde aber abgelehnt. Das traf ihn schwer, tat aber seinem Glauben an seine Fähigkeiten keinerlei Abbruch. Allerdings war seine Zurückweisung eine dringend notwendige Lektion für die Einschätzung der gesellschaftlichen Wirklichkeit. Galilei erkannte, daß er trotz seiner Genialität einen mächtigen Mäzen brauchte.

Galilei wandte sich nun an seinen Vater und bat ihn, seinen Einfluß bei Hof zu nutzen. Würde ihm eine einzige Privataudienz bei Großherzog Francesco I. gewährt, so war Galilei sicher, den wissenschaftlich Interessierten als Gönner zu gewinnen. Doch bevor Vincenzo seine Fühler ausstrecken konnte, war der Großherzog ein Opfer der Wissenschaft geworden, oder, sagen wir, seines pseudowissenschaftlich gebrauten Fiebertranks. Auf Francesco I. folgte sein vernünftigerer Bruder Ferdinand I. Der Hof wurde gründlich von Francescos Clique gesäubert, Ratgeber wurden entlassen, die Lieferanten seltener Heilmittel in die Verbannung geschickt, und selbst streitbare Musiktheoretiker fielen in Ungnade. Zu alt, um noch Unterricht zu erteilen, zog sich Vincenzo ergrimmt aufs Altenteil zurück.

Galilei erkannte, daß er sich andernorts nach einem

Mäzen umsehen mußte. Doch wo? Er hatte sich stets so arrogant aufgeführt, daß er in der Gesellschaft wenig beliebt war. Auch unter den Wissenschaftlern hatte er nur wenige Bewunderer, und diese hatten keinen gesellschaftlichen Einfluß. Also erteilte Galilei weiterhin Unterricht und reiste manchmal sogar bis nach Siena, um einen öffentlichen Vortrag zu halten. Privat sollten seine mathematischen Studien bald Früchte tragen. Er hatte Archimedes' Traktate ›De planorum equilibris‹ (Vom Gleichgewicht ebener Flächen und von den Schwerpunkten) und ›De conoidibus et sphaeroidibus‹ (Von den in Wasser eingetauchten und in ihm schwimmenden Körpern) gelesen. Das erstere ist ein bahnbrechendes Werk über die Mechanik, in welchem Archimedes das Hebelgesetz beschreibt; im letzteren wendet er das Gesetz an, indem er den Schwerpunkt verschiedener Rotationsparaboloide bestimmt (jener Körper, die entstehen, wenn man eine Parabel um ihre Achse dreht). Wie immer machte sich Galilei daran, sein Vorbild noch zu übertreffen, indem er eine originelle praktische Methode zur Ermittlung der Schwerpunkte verschiedener Rotationskörper fand.

Viele Jahre sollten vergehen, bevor Galilei sein Werk veröffentlichte. Als Manuskript machte es jedoch in den mathematischen Kreisen Italiens die Runde. Einige Kollegen Galileis waren so beeindruckt, daß sie ihn als den neuen Archimedes feierten. Einer seiner Bewunderer war der Marchese Guidobaldo dal Monte, der 1588, also ein Jahr zuvor, ein ausführliches Traktat zur Mechanik veröffentlicht hatte. Guidobaldo war kein Dilettant, seine Abhandlung sollte für die nächsten hundert Jahre das Standardwerk der Mechanik werden. Wie Galilei war er am Schwerpunkt verschiedener Körper interessiert. Galilei besuchte Guidobaldo, und sie wurden rasch Freunde. Sie tauschten ihre Erkenntnisse aus, und Guidobaldo war so beeindruckt, daß er Ferdinand I., den neuen Großherzog von Toskana, auf Galilei aufmerksam machte.

Das Interesse aristokratischer Mäzene ist oftmals Schwankungen unterworfen, doch bei Guidobaldo war dies nicht der Fall. Galilei hatte endlich einen verläßlichen Förderer gefunden. Als die Professur für Mathematik in Pisa frei wurde, empfahl Guidobaldo umgehend Galilei, und dieser wurde an die Universität berufen. Galilei war außer sich vor Freude. Endlich hatte er es geschafft. Erst im nachhinein stellte er fest, daß sein Gehalt bloße sechzig Scudi betrug, was in etwa dem Einkommen eines Ladenbesitzers entsprach und somit kaum ausreichte, um einen Mann zu ernähren, dessen Körpergewicht, Vorlieben und Ehrgeiz ständig an Umfang zunahmen.

Die Universität von Pisa war auf die Rückkehr ihres verlorenen Sohnes nicht vorbereitet. Der neue Professor, der eben diese Universität ohne Abschluß verlassen hatte, traf mit frischem Selbstvertrauen ein. Der streitbare Fünfundzwanzigjährige mit dem roten Schopf war bei den Studenten rasch beliebt. Die Universitätsverwaltung hingegen setzte sich zum Großteil aus untadelig orthodoxen, mittelmäßig begabten Mönchen zusammen. Galilei lehnte sie wegen ihrer Trägheit und ihrer scholastischen Reden ab. Auch ihre akademische Tracht verschmähte er. Stets und ständig abgerissen gekleidet, weigerte er sich standhaft, einen Talar zu tragen. Er ging sogar so weit, das folgende Liedchen zu dichten:

> »Nur stirnrunzelnde Schwachköpfe
> tragen den Talar;
> er ist die Uniform von Lehranstalten,
> die sich an die Regeln halten;
> nicht gestattet im Bordell,
> falls du bist solch ein Gesell ...«

Begeisterung löste er damit bei der Universitätsverwaltung nicht aus.

Es könnte zu jener Zeit gewesen sein, daß Galilei sein legendäres Experiment am Schiefen Turm von Pisa machte. Es bestätigte seine früheren Erkenntnisse, daß schwere Hagelkörner mit der gleichen Geschwindigkeit auf dem Boden aufprallten wie leichte. Er ließ Gegenstände aus demselben Material, aber von verschiedenem Gewicht, vom Turm fallen. Alle benötigten dazu die gleiche Zeit. Die schweren legten die Entfernung nicht schneller zurück, wie sie es Aristoteles zufolge hätten tun müssen.

Mögen die Ursprünge dieser Anekdote auch nebulös sein, so trifft sie doch den Kern der Sache. Galilei wollte öffentlich auf die Fehler im aristotelischen Gedankengebäude hinweisen. Das ist höchst bedeutsam, denn die Lehren des Aristoteles galten, wissenschaftlich gesehen, als ein in sich geschlossenes System. Jedes Teil, jedes Gesetz, jede Annahme wurden als miteinander verknüpft gesehen. Indem Galilei eine einzelne falsche Aussage anprangerte, legte er – unbeabsichtigt – nahe, daß das ganze Gedankengebäude falsch sein könnte.

Wir werden sehen, daß Galilei so kühn gar nicht war. Wogegen er sich in Wirklichkeit wandte, war die aristotelische Auffassung von Wissenschaft. Für Galilei befaßte sich Wissenschaft mit den Tatsachen des Alltagslebens. Diese gehörten ins Reich der Physik, gründeten auf Erfahrung und waren nicht das Ergebnis scholastischer Auslegungen. Erst kam das Experiment, die Theorie war der zweite Schritt.

Übrigens fand Galilei nie heraus, warum beide Körper gleich schnell fallen. Das konnte erst Newton ein ganzes Jahrhundert später erklären, als er das Gravitationsgesetz entdeckte: Zwei Körper mit den Massen m_1 und m_2, deren Schwerpunkte sich im Abstand r voneinander befinden, ziehen sich mit einer Kraft an, die proportional zu m_1 und m_2 und umgekehrt proportional zum Quadrat ihres Abstandes r ist. Galileis Anspruch auf Ruhm besteht darin, daß er sich auf ein Experiment verließ und nicht auf irgendeine Theorie.

Was Galilei tat, war viel wichtiger, als er anfänglich zuzugeben bereit war, sogar sich selbst gegenüber. Trotz seiner öffentlichen Kunststückchen wie das Experiment am Schiefen Turm lehrte er weiterhin die Physik des

Aristoteles. Das war keine Heuchelei. Er scheint das, was er sagte, bis zu einem gewissen Grad selbst geglaubt zu haben. Man nehme etwa sein Weltbild. Kopernikus hatte bereits seine eigene Theorie veröffentlicht, derzufolge die Planeten um die Sonne kreisen, und das war 1543 gewesen. Galilei wußte davon, war aber zu Beginn seiner Laufbahn noch von dem aristotelischen, von Ptolemäus überlieferten Weltbild überzeugt. Diesem zufolge war die Erde das unverrückbare Zentrum des Universums, und die Sonne, der Mond und die Sterne umkreisten sie.

Zu jener Zeit ließ Galilei die gegensätzlichen Standpunkte des Archimedes und des Aristoteles nebeneinander gelten. Er sah zwar die Diskrepanzen zwischen der wissenschaftlichen Betrachtungsweise des Archimedes und der im wesentlichen philosophischen Sicht des Aristoteles, doch noch war er sich sicher, daß sie eines Tages versöhnbar sein würden.

In jener Zeit schrieb Galilei sein erstes großes Werk ›De Motu‹ (Über die Bewegung). In seinem Vortrag über die Topographie der Hölle Dantes vor der Florentiner Akademie hatte er wissenschaftliche Methoden auf die Literatur angewandt, nun sollte er das Verfahren umkehren. Sein Motiv war jedoch dasselbe. Die Verbindung der beiden Themen sprach ein breites Publikum an. Der ehrgeizige Galilei wollte eine möglichst große Zuhörerschaft.

›De Motu‹ erzählt die Geschichte zweier Freunde namens Alexander und Dominicus, die sich an einem

Wintermorgen an den Ufern des Arno treffen und am Fluß entlang zum etwa zehn Kilometer entfernten Meer wandern, um Fisch für die Mittagsmahlzeit zu kaufen. Bei ihrem Spaziergang beobachten sie einen Mann in einem Boot, der gegen die Strömung rudert. Das löst ein Gespräch über die Bewegung aus. Seine eigenen Gedanken legt Galilei dem Alexander in den Mund, trägt sie aber in diesem Frühwerk trocken und ohne den Schwung und Witz vor, die später für ihn typisch sind.

Im Laufe dieser Unterhaltung kommt Alexander auch darauf zu sprechen, warum unterschiedlich schwere Körper gleich schnell fallen. Hier demonstriert Galilei seine Fähigkeit, die Ideen seiner Vorgänger weiterzuentwickeln. Galileis Erklärung dafür, daß verschieden schwere Körper gleich schnell fallen, war fast vierzig Jahre zuvor von dem venezianischen Physiker Battista Benedetti vorgetragen worden. Mit Sicherheit kannte Galilei das Werk Benedettis, denn dieser war vor ihm der größte Physiker der Renaissance. Galilei verallgemeinert jedoch Benedettis Argument und führt es – ausgehend von der aristotelischen Annahme – zu einem logischen Widerspruch:

Angenommen, ein großer Stein fiele mit acht Einheiten der Geschwindigkeit, ein kleiner nur mit vier. Würden beide Steine miteinander verbunden, so bremste der leichte beim Fallen den schweren. Da aber beide Steine zusammen schwerer sind als der große Stein allein, müßten sie – so Aristoteles – eigentlich schneller fallen.

Dieser Widerspruch in sich, argumentiert Galilei, läßt sich auflösen, wenn man annimmt, daß die Fallgeschwindigkeit beider Steine gleich groß ist.

Galilei stellte drei Fallgesetze auf:

1. Alle Körper fallen gleich schnell.
2. Beim Fall ist die Endgeschwindigkeit proportional zur Fallzeit.
3. Die zurückgelegte Strecke ist proportional zum Quadrat der Zeit.

Galilei bewies diese Gesetze mit seinen Experimenten an der schiefen Ebene.

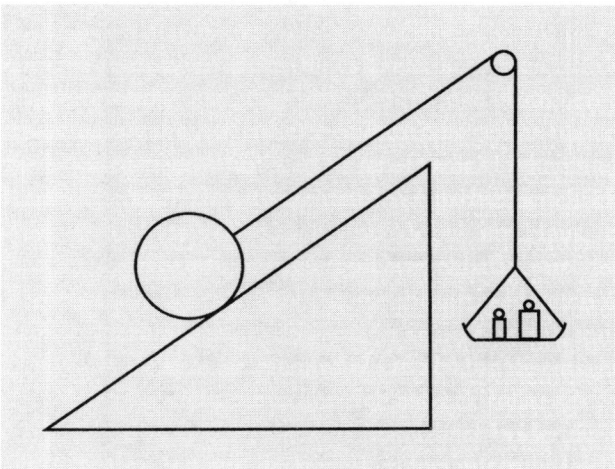

Bei Galileis Apparat rollte der Ball in einer Fallrinne, was ein Minimum an Reibung zur Folge hatte. Die Neigung der Schrägen war nicht von Bedeutung, da die Gesetze sich als davon (und vom Zeitintervall) unabhängig erwiesen.

Aristoteles hatte behauptet, ein schweres Gewicht von zehn Einheiten würde beim Fall nur ein Zehntel der Zeit benötigen, die ein leichtes Gewicht von einer Einheit erfordert. Galileis Experimente zeigten aber, daß das nicht der Fall war. Davon waren die Anhänger des Aristoteles jedoch nicht zu überzeugen. Ihrer Meinung nach war die Natur von der Idee abgeleitet, und das bedeutete, daß sie den perfekten Gesetzen des Aristoteles gehorchen mußte. Galileis Experimente betrachteten sie im besten Fall als eine Anomalie (oder, was bedrohlicher war, einen Taschenspielertrick). Diejenigen, die der Wirklichkeit näher standen, wiesen darauf hin, daß Galileis Experimente nicht ganz mit seinen Gesetzen übereinstimmten. Es waren kleine Abweichungen vorhanden. Der Grund hierfür ist im Luftwiderstand zu suchen. Galilei war sich dessen bewußt und vermutete, daß vollständige Gleichheit der Fallgeschwindigkeiten nur im Vakuum zu erreichen war. Seine Auffassung wurde 1969 höchst eindrucksvoll vom Astronauten Neil Armstrong bestätigt. Auf dem Mond ließ dieser einen Hammer und eine Feder fallen. Beide erreichten gleichzeitig den Boden, und Armstrong sagte: »Galilei hatte tatsächlich recht.«

Bei einem anderen Experiment an der schiefen Ebene

& Ideen

entdeckte Galilei das Gesetz über die Gleichheit von Kräften. Er benutzte eine ähnliche Apparatur wie die im obigen Diagramm gezeigte und stellte fest, daß die Kräfte sich im Ruhezustand die Waage halten. Hier näherte sich Galileis Herleitung geradezu unheimlich Newtons drittem Bewegungsgesetz (welches besagt, daß immer, wenn ein Körper eine Kraft auf einen anderen Körper ausübt, der zweite Körper eine gleiche, entgegengesetzte Kraft [oder Reaktion] auf den ersten Körper ausübt). Die Lehre von den Bewegungen war zu Galileis Zeit weit über wissenschaftliche Kreise hinaus auch für das Militär von Bedeutung.

Das kurz zuvor aus China importierte Schießpulver hatte das Interesse an den Geschoßbahnen geweckt. Wenn das Zielen nicht mehr eine Sache des Zufalls sein sollte, mußte man die Bahn von Geschossen voraussagen können. Aristoteles hatte behauptet, die Bahn eines Projektils setze sich aus zwei Bewegungsarten zusammen, der erzwungenen und der »natürlichen«. Die erstere sei die Folge des Schießpulvers, die zweite ziehe das Projektil »natürlich« zur Erde.

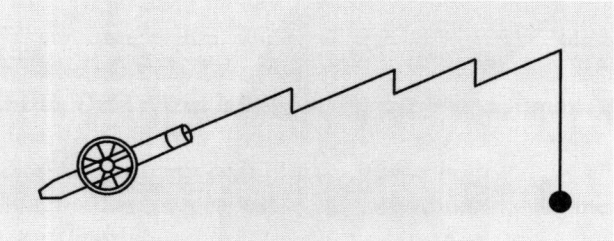

Galilei konnte beweisen, daß nach seinen Gesetzen Geschosse eine Parabel beschreiben.

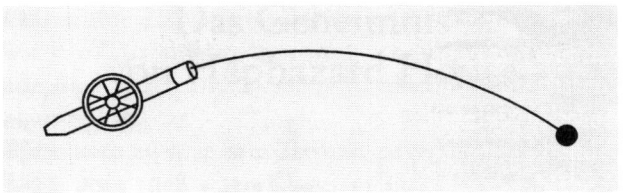

Jedem, der einmal einen Stein geworfen und seinen Flug durch die Luft bis ins Dach des Gewächshauses verfolgt hat, ist das bekannt. Wie konnte sich die aristotelische Position fast zweitausend Jahre halten? Das lag hauptsächlich an der mittelalterlichen Denkweise und ihrer Einstellung zur Welt. Ihr zufolge richtete sich die Praxis nach der Theorie. Die Wahrheit leitete sich von der Autorität der Ideen ab. Aristoteles' Ideen waren wahr, und deshalb mußte sich das, was geschah, nach ihnen richten. Wenn dem nicht so war, handelte es sich entweder um eine Illusion oder Perversion (des Beobachters oder der Welt). Erst nachdem diese Art des Denkens überwunden war, konnte die moderne Wissenschaft geboren werden, die nur die Erfahrung, das Experiment, die Tatsachen als wirklich gelten ließ. Von nun an mußte die Theorie ihnen folgen. Galilei wurde zu einer zentralen Figur in der um sich greifenden (weitgehend unbemerkten) Revolution.

Auch wenn Galilei Anleihen bei anderen Gelehrten

machte, war ›De Motu‹ origineller als alle anderen zeitgenössischen Beiträge zu diesem Thema. Hier war endlich das Werk, das ihm Ruhm, Reichtum, die Bewunderung seiner Kollegen und die Liebe schöner Frauen hätte einbringen können – Sehnsüchte und Träume eines jeden Renaissance-Gelehrten. (Natürlich nur jener.) Und doch sah Galilei von einer Veröffentlichung seiner Schrift ab. Wie erklärt sich das?

Er hatte verschiedene Gründe. (Die Angst, als Plagiator abgestempelt zu werden, gehörte erstaunlicherweise nicht dazu.) Als erstes waren da die beunruhigenden Widersprüche zwischen seinen Gesetzen und seinen Experimenten. Er wußte, daß sie zu lösen sein mußten, konnte aber noch nicht im Vakuum experimentieren. Doch der Hauptgrund, warum Galilei ›De Motu‹ nicht veröffentlichte, lag tief in seinem Charakter begründet: Er hatte Angst. Wie viele überragende Persönlichkeiten war er innerlich unsicher. Auch wenn er so tat, als seien seine Kollegen nichts weiter als konventionelle Kleingeister, sehnte er sich heimlich nach ihrer Anerkennung. Er war von der Furcht besessen, sein Werk könne Gelächter hervorrufen und er selbst zur Witzfigur werden. Er wollte unbedingt ernstgenommen werden. Und einen Mann mit seinem Benehmen und seinen Gewohnheiten nahm so leicht niemand ernst. Wer es verschmähte, einen Talar zu tragen, nur um nicht im Bordell abgewiesen zu werden, machte sich keine Freunde bei seinen Priesterkollegen an der Universität. Derlei Widersprüchlichkeiten waren bei Galilei offensichtlich und wurden für seine Reaktion auf die Welt und deren Reaktion auf ihn immer bestimmender.

1591 starb Galileis Vater. Es war nun an ihm, für die Familie zu sorgen, die aus sechs Geschwistern und einer unzufriedenen Mutter bestand. Seiner älteren Schwester Virginia war eine große Mitgift versprochen worden, und sein Bruder Michelangelo war ein Nichtsnutz von Musikant, der ständig die Hand aufhielt. Die Mutter wollte unbedingt den Familienwohnsitz in Florenz beibehalten, und dessen Unterhalt riß ständig Löcher in die ohnehin leere Kasse. Galilei kam mit seinem Hungerlohn nicht aus, besonders da er neben wissenschaftlichen auch kulinarischen und erotischen Experimenten frönte. Noch prekärer wurde seine Lage dadurch, daß er in Pisa nur wenige Freunde besaß. Seine Kollegen hatte er vergällt, und auch den städtischen Behörden ging langsam die Geduld aus. Ausgerechnet die Pläne zur Vertiefung des Hafens, die vom natürlichen Sohn des Großherzogs, Giovanni Medici, vorgelegt worden waren, mußte Galilei angreifen. Giovanni hatte eine komplizierte Riesenmaschine entworfen, von der Galilei behauptete, daß sie unsinnig sei. Natürlich nützte es ihm überhaupt nichts, als sich später herausstellte, daß Galilei völlig recht gehabt hatte. Er konnte einfach nicht den Mund halten.

1592 sprach sich die Universität von Pisa gegen die Verlängerung von Galileis dreijährigem Vertrag aus. Zum Glück wurde gerade zu dieser Zeit der Mathematiklehrstuhl in Padua frei. Galilei bewarb sich um die Stelle, wieder wärmstens von seinem aristokratischen Mäzen Guidobaldo dal Monte empfohlen. Seine Bewerbung wurde auch vom Großherzog der Toskana sowie der Universität Pisa unterstützt, die ihre eigenen Gründe hatte, Galileis Auszug aus der Toskana zu wünschen. Galilei erhielt den Posten.

Zu jener Zeit war die Universität von Padua eine der führenden Europas. Sie zog unter anderem Studenten aus Deutschland, Polen und England an. Shakespeare erhielt seine Informationen über Italien von einem ihrer Studenten. Padua lag auf dem Territorium der venezianischen Republik, die sich klugerweise nicht in universitäre Angelegenheiten einmischte. Damals war Venedig eine höchst kultivierte, leichtlebige Stadt, in der es wenig von Geltungsdrang und Machtgelüsten gesteuerte Impulsivität gab, die die politische Landschaft der anderen Renaissance-Republiken prägte. Es war kein Zufall, daß sie *Serenissima*, die höchst Gelassene, getauft worden war. Hier erlernte Casanova sein Handwerk, bevor sein ermüdend monotones Verhalten zum Anlaß genommen wurde, ihn einzukerkern und für eine Weile auf ein einziges Bett zu beschränken.

Venedig war die Hauptstadt eines großen Seeimperiums, das sich über das östliche Mittelmeer erstreckte und die Ionischen Inseln sowie Kreta umfaßte. Zypern hatte es kurze Zeit zuvor verloren. Ihr großer Einflußbereich verlieh der Stadt ein kosmopolitisches Flair, das von Galilei sehr geschätzt wurde. Da Padua nur etwa dreißig Kilometer von der Küste entfernt lag, verbrachte Galilei bald seine Wochenenden damit, die Köstlichkeiten der venezianischen Kultur in ihrer ganzen Bandbreite zu genießen.

Doch seiner Vergnügungssucht waren finanzielle Grenzen gesetzt. Galilei hatte sogar in Florenz, wo er Urlaub von Pisa machte, beträchtliche Schulden angesammelt. Seine Mutter schrieb ihm eines Tages einen warnenden Brief, einer seiner Gläubiger »droht, Euch sofort bei Eurem Eintreffen hier in Schuldhaft nehmen zu lassen«. Um sein Einkommen aufzustocken, erteilte Galilei wieder einmal Privatunterricht und nutzte auch seine praktische Begabung, indem er bei technischen Projekten als Berater fungierte und etliche Erfindungen machte. Er schrieb ein Traktat über die Befestigungskunst, entwarf Öllampen für Festungen und erfand einen Vorläufer des Thermometers, das Thermoskop. Letzteres bestand aus einer Birne, die mit der Hand erwärmt wurde, so daß sich die im Inneren eingeschlossene Luft ausdehnte und Wasser in ein Röhrchen drückte. Wie viele geniale Erfindungen war sie so einfach, daß sie – hinterher – völlig logisch erschien. Das moderne Thermometer beruht auf dem gleichen Prinzip: Als Flüssigkeit enthält es das hochdehnbare Quecksilber, das in einem Kapillarröhrchen steigt.

Galilei war seiner Zeit weit voraus. Seine Erfindungen brachten ihm daher nie das große Geld, das er erträumte. Entmutigt wandte er sich an Guidobaldo dal Monte um Rat, und wieder einmal hatte sein Förderer und Kollege eine großartige Idee. Dal Montes Bruder

& Ideen

war General in der venezianischen Armee. Die schlechten Schützen seiner Artillerie bereiteten ihm großes Kopfzerbrechen. Konnte Galilei ein leichtes Instrument erfinden, mit dem sich die Flugbahnen der Kanonenkugeln berechnen und auf die Entfernung und Höhe der Ziele einstellen ließen?

Erneut dachte sich Galilei ein verblüffend einfaches Instrument aus. Sein »geometrischer und militärischer Zirkel« war ein Meisterwerk, das im militärischen und zivilen Bereich für unzählige Zwecke eingesetzt werden konnte. Er bestand aus zwei mit einem Gelenk verbundenen Bronzelinealen, auf denen Linien eingraviert waren, sowie einem dazwischenliegenden Viertelkreis, auf den eine Winkeleinteilung graviert war.

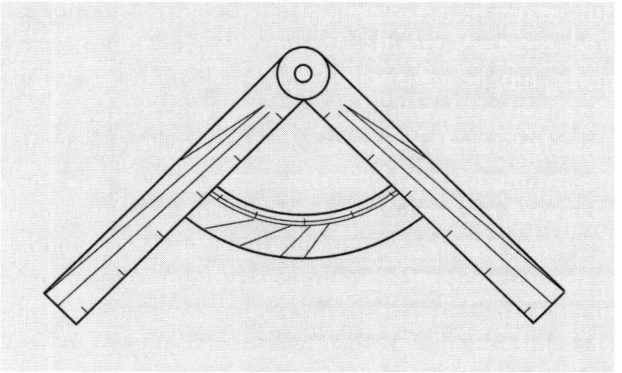

Um die Flugbahn eines Geschosses zu berechnen, legte man einen Arm des Zirkels in den Lauf des Geschützes.

Der Artillerieoffizier las dann die zugehörige Reichweite auf der eingravierten Skala ab. Das konnte er seitlich neben dem Lauf tun, er brauchte nicht vor dem Kanonenrohr zu stehen, was vielen Offizieren und Soldaten in jenen Zeiten unberechenbarer Geschütze das Leben rettete. Galileis Erfindung, die heute als Proportionszirkel bekannt ist, war auch für zahlreiche friedliche Zwecke einsetzbar. In der Geometrie konnte man sie für Berechnungsaufgaben benutzen, wie zum Beispiel Kreise quadratisch anzunähern, regelmäßige Vielecke zu zeichnen und einen Umfang in gleiche Abschnitte zu teilen. Man konnte mit dem Zirkel auch ermitteln, wie sich die benötigte Menge Schießpulver änderte, wenn Kugeln aus anderen Metallen verwendet wurden. Die dazugehörige Rechnung galt als schwierig, weil es nötig war, Kubikwurzeln zu ziehen. Und wer immer an dieser wichtigen Sache interessiert war, konnte mit Hilfe des Proportionalzirkels sogar einen »windschiefen Quader« (Parallelepiped) in einen Würfel verwandeln.

Endlich hatte Galilei auf das richtige Pferd gesetzt. Er tat sich mit einem Werkzeugmacher namens Marcantonio Mazzoleni zusammen und machte sich an die Massenproduktion. Vom Jahr 1600 ab wohnte Mazzoleni auf Galileis Wunsch in dessen Haus; Mazzolenis Frau übernahm den Posten der Köchin und Haushälterin. Das Erdgeschoß wurde in eine Werkstatt für die Herstellung von Proportionalzirkeln verwandelt. Da Galileis Erfindung in ganz Italien verkauft wurde, lag nichts näher, als ein Handbuch für ihre verschiedenen Verwendungszwecke zu schreiben. Insgesamt baute Mazzoleni über hundert Zirkel, die Galilei zu 35 Lire – entsprechend 5 Dukaten oder Scudi – das Stück verkaufte (ohne Bedienungsanleitung). (Die Produktionskosten beliefen sich auf fünfzehn Lire.) Galileis Buchführung ist zu entnehmen, daß er Mazzoleni weniger als einen halben Scudi im Monat zahlte, was diese »Partnerschaft« etwas unausgewogen erscheinen läßt. Doch für den Erfinder führte das Arrangement zu einem saftigen Profit.

Dann kam es zur Katastrophe. Galileis eingebildetes Gehabe hatte dazu geführt, daß er sich Feinde an der Universität gemacht hatte, doch auch bei seinem begeisterten Ausflug in die Wirtschaftswelt erging es ihm nicht besser. Einige Kaufleute konnten ihn einfach nur nicht ausstehen, andere waren bereit weiter zu gehen, und man schmiedete ein Komplott gegen ihn. Kaum hatte Galilei sein Handbuch für den Zirkel veröffentlicht, klagte man ihn des Plagiats an. Galilei wollte seinen Ohren nicht trauen, als er hörte, ein gewisser Baldassare Capra habe bereits ein Handbuch zu einem identischen Zirkel verfaßt.

Galilei war außer sich. Gewann Capra, war Galileis einziges erfolgreiches Geschäft für immer zunichte. Er wandte sich an die Universitätsbehörden, welche die Angelegenheit sehr ernst nahmen (wahrscheinlich, weil sie ihre eigenen Gründe hatten. Sah es doch so aus, als sei Galilei im Unrecht.) Die Nachforschungen ergaben, daß Capra ein siebzehnjähriger ehemaliger Student Galileis war, der heimlich in das Manuskript für Galileis

Handbuch Einsicht genommen hatte. Capra war offensichtlich nur ein Strohmann. Das angeblich von ihm verfaßte Werk war eine kaum verschleierte lateinische Version von Galileis Schrift (die auf italienisch geschrieben war). Das Ganze ging aus wie das Hornberger Schießen. Capra floh aus der Republik und brachte sich in seiner Heimatstadt Mailand in Sicherheit. Galilei war noch einmal mit dem Schrecken davongekommen, doch er vergaß den Vorfall nie. Noch fünfundzwanzig Jahre später, als er in ganz Europa berühmt war und Capra unter der Anonymität litt, nach der ihn einst gelüstete, war Galilei noch immer empört, wenn er den Vorfall erwähnte.

Etwa gleichzeitig mit dem Zirkel erfand er auch eine Pumpe, die von einem Pferd angetrieben wurde. Sie war stark genug, um eine beträchtliche Menge Wasser zu heben und es auf mehr als ein Dutzend Bewässerungskanäle zu verteilen. Galilei machte sich große Hoffnungen, daß sie bald im ganzen Po-Delta eingesetzt würde, wo man seit etwa einem Jahrhundert den Reisanbau aus China übernommen hatte. Galilei sicherte sich bei den venezianischen Behörden das Patent auf seine Maschine. Es war eines der ersten, die angemeldet wurden. Doch das nützte nichts, es fand sich kein Interessent für die geniale Pumpe. Der Prototyp wurde billig an einen Aristokraten verhökert, der ihn zur Bewässerung seines Gartens einsetzte.

Trotz solcher Enttäuschungen gefiel es Galilei in Venedig. Er genoß das lebhafte Gesellschaftsleben und lernte

& Ideen

in dieser Stadt auch den fünfundzwanzigjährigen Edelmann Giovanni Francesco Sagredo kennen, dem er ein Leben lang freundschaftlich verbunden blieb. Sagredo war etwa zehn Jahre jünger als Galilei, jedoch ein Mensch ganz nach dessen Herzen. Überschwenglich und brillant, hatte er dennoch merkwürdige Schwächen. Er entstammte einer angesehenen Familie, aus der ein Kardinal, ein Botschafter, der obligate Heilige (ein Muß für alle guten Familien) nebst einem Geisteskranken hervorgegangen waren. Letzterer hauste in einem verdunkelten Zimmer (auch ein sine qua non). Sagredo wohnte am Canale Grande in der Nähe der Rialto-Brücke. Er lebte in einem knallrosa angestrichenen gotischen Palast mit roséfarbenen Fenstern. Darin schlichen seltene Wolfshunde die geschwungenen Marmortreppen hinauf, Papageien flatterten und kreischten durch die Hallen, die mit Tapisserien geschmückt waren, und die schönsten Kurtisanen der Stadt residierten in Boudoirs, die ihnen zur alleinigen Verfügung standen. Gelegentlich pflegte Sagredo ein unbedeutendes öffentliches Amt zu übernehmen, eine Auslandsmission, einen temporären Gouverneursposten oder die Leitung eines Ausschusses, doch die meiste Zeit widmete er sich seinen geistigen Interessen.

Hier war ein Mann, der den Wein, die Frauen und die Wissenschaft liebte. Galilei war bezaubert. Innerhalb weniger Monate standen er und Sagredo sich so nahe wie Brüder, und Galilei war ein regelmäßiger Wochenendgast bei den Festivitäten in Sagredos Palast.

Galileis wissenschaftliche Abhandlungen wiesen bald Sagredos elegantsen schwungvollen Stil auf, und er lernte seine Spekulationen mit Witz zu würzen. Galilei hatte stets literarische Ambitionen gehabt, hatte es jedoch nie zu stilistischer Meisterschaft gebracht. Nun gehörte der leicht schwülstige Stil von ›De Motu‹ der Vergangenheit an. Seine Briefe, seine Abhandlungen, selbst seine Notizen spiegelten seine neue Gewandtheit.

Galileis nächstes wichtiges Werk war ›La Meccaniche‹, das Traktat über Mechanik, das wenig mehr als eine Sammlung von Vorlesungsnotizen für seine Studenten ist. Galilei geht darin auf einige in ›De Motu‹ vorgestellte Gedanken ausführlicher ein; er befaßte sich im übrigen zeit seines Lebens immer wieder mit ›De Motu‹. Da er dabei stets wechselnden Fragestellungen nachging, ist es an dieser Stelle sinnvoller, darauf einzugehen, was Galilei schließlich auf dem Gebiet der Mechanik erreichte.

Vor Galilei war die Mechanik bis auf wenige Lehrsätze kaum entwickelt, und diese standen unabhängig nebeneinander. Die entscheidende Figur auf diesem Gebiet war Archimedes mit seinem Werk ›De planorum equilibriis‹, in dem er die Hebelgesetze darlegt und den Schwerpunkt verschiedener Kegelschnitte feststellt. Andere Denker, hauptsächlich aus der griechischen Antike, hatten den einen oder anderen Gedanken zur Mechanik beigetragen, doch das Wissen blieb unzusammenhängend, bis Galilei den Begriff der Trägheit einführte. Hierin lag der Schlüssel. Leider hat Galilei nie

& Ideen

ein Gesetz formuliert, das Bewegung und Trägheit miteinander in Beziehung setzt. Sein Werk zur Dynamik zeigt allerdings, daß er den Zusammenhang verstanden hatte. Dies läßt sich anhand seiner Untersuchungen zu fallenden Körpern, schrägen Ebenen und den Flugbahnen von Geschossen schließen.

Galileis Arbeit über das Gleichgewicht läßt zunächst erkennen, daß er Newtons drittes Bewegungsgesetz kannte (das vom paarweisen Auftreten von Aktion und Reaktion handelt). Seine »Verbesserung« der archimedischen Vorstellung vom Impuls und seine Untersuchungen zu den Geschoßbahnen lassen vermuten, daß er wahrscheinlich auch Newtons beide ersten Trägheitsgesetze kannte (in denen es heißt, daß ein Körper im Stillstand oder gleichförmiger Bewegung verharrt, solange keine Kraft von außen auf ihn einwirkt, und daß die Änderung des Impulses eines sich bewegenden Körpers proportional zur Kraft ist, die auf ihn einwirkt). Hier zeigt sich auch, daß Galilei den Begriff der Beschleunigung kannte. Es sollte jedoch noch eine Lebensspanne vergehen, bis Newton diese Entdeckungen in Form von Gesetzen niederlegte.

Hinter Galileis Erfolg stand ein weiterer Geniestreich, so brillant einfach, daß er uns heute selbstverständlich erscheint. Galilei verband Mathematik und Physik. Vorher wurden die beiden Gebiete als weitgehend unabhängig voneinander behandelt. Als Galilei sie kombinierte und den Begriff der Kraft einführte, war die moderne Physik geboren. Die Anwendung der mathematischen Zusammenhänge auf die Physik führte zum Experiment, wie wir es heute verstehen, das heißt zur experimentellen Naturwissenschaft. Konkrete praktische Erfahrungen konnten anhand von Zahlen und Begriffen abstrahiert werden, man konnte Ergebnisse vergleichen und folglich auch allgemeine Gesetze formulieren. Galilei nannte diese praktischen Versuche cimento, was italienisch für »Probe« ist. (Das Wort Experiment stammt vom Lateinischen *experimentum*, Probe, Versuch.)

Wie bei zahlreichen anderen praktischen Errungenschaften Galileis haben auch hier andere behauptet, vor ihm dagewesen zu sein. Und mit Recht. Die Ideen lagen einfach in der Luft. Die alte mittelalterliche Erkenntnistheorie war ins Wanken geraten. Die moderne Wissenschaft erhob allmählich ihr Haupt in den Laboratorien ganz Europas. Doch eigentlich erweckt der Begriff des Laboratoriums einen falschen Eindruck. Wissenschaftler sind selten ihrer Zeit voraus, was die Ausstattung ihres Arbeitsplatzes betrifft, und auch die Renaissance war in dieser Hinsicht keine Ausnahme. Die Orte, an denen der Renaissance-Wissenschaftler wirkte, erinnerten eher an mittelalterliche Gefängnisse denn an Palladische Villen. Andererseits würdigt man die Leistung jener Denker nicht genügend, wenn man von ihnen nur sagt, sie seien »ihrer Zeit voraus« gewesen, denn in Wirklichkeit vollbrachten sie nichts Geringeres, als eine völlig neue Zeit zu schaffen. Das zeigt sich bereits daran, daß viele Entdeckungen »gleichzeitig« stattfanden,

& Ideen

ohne daß Ideen gestohlen wurden. Ein Beispiel wird genügen: Galilei trat 1597 mit seinem Proportionszirkel an die Öffentlichkeit. Ein Jahr später stellte der achtunddreißigjährige elisabethanische Mathematiker Thomas Hood wenige Monate vor seinem Tod seinen erstaunlich ähnlichen Zirkel in London vor. Im selben Jahr produzierte der holländische Mathematiker Dirk Borcouts, der mit Descartes im Briefwechsel stand, in Utrecht einen Bronzezirkel, den man noch heute im dortigen Museum besichtigen kann.

Galilei war der große Geist, der Ideen miteinander verband, die qualitativ und quantitativ besser waren. Beispielsweise die Anwendung der Analysis, die Einführung des Experiments, die Anwendung des Begriffs der Kraft, höchste technische Geschicklichkeit und geniale Einfälle, die weniger talentierten Denkern und Erfindern abgingen. Er mag nicht immer der erste gewesen sein, auch wenn er selbst dieser Meinung war, doch er war unweigerlich der beste. Nun stand er kurz vor seiner spektakulärsten Entdeckung.

Vorher sollte er aber noch eine prosaischere Entdeckung machen. Irgendwann 1599 lernte Galilei auf einem der Feste in Sagredos Palast Marina Gamba kennen, »una donna di facile costume«, was man als eine Frau der losen Sitten und lockeren Hüllen bezeichnen könnte. Sie soll faszinierend ausgesehen und ein feuriges Temperament gehabt haben. Viel mehr wissen wir nicht über sie, außer, daß sie aus den Gassen San Sofias hinter Sagredos Palast stammte, einundzwanzig Jahre alt war und mit großer Wahrscheinlichkeit weder lesen noch schreiben konnte. Galilei war an Frauen von lockerer Moral gewöhnt und neigte nicht zu Gefühlsbindungen. Die lebenslustige, erfahrene Marina wußte offenbar genau, wie sie es anstellen mußte, um den fünfunddreißigjährigen Galilei um den kleinen Finger zu wickeln, und im Handumdrehen hatte sie sein Herz erobert. Sie wurde seine ständige Geliebte, und er richtete ihr ein Haus am Markt ganz in der Nähe seines Wohnsitzes in Padua ein. Marina hatte ausgesorgt, und Galilei hatte zum erstenmal sein Herz verloren.

Den Sitten der Zeit entsprechend erwartete niemand eine Ehe zwischen dem Professor und der Gassenschönheit. Das hätte einen größeren gesellschaftlichen Skandal verursacht, als beide zu ertragen bereit gewesen wären. Ihr Arrangement war völlig normal, denn in der damaligen Zeit spielten Klassenunterschiede noch eine wichtige Rolle.

Innerhalb eines Jahres kam eine Tochter zur Welt. Es war damals nicht üblich, in diesen Dingen ein Blatt vor den Mund zu nehmen, und so findet sich die unverblümte Eintragung im Geburtsregister der Kirche: »Virginia, Tochter der Marina aus Venedig, in Unzucht geboren, 13. August 1600.« Alles in allem hatten Galilei und Marina drei Kinder. Marina lebte nie mit Galilei unter einem Dach, seine Diener wurden jedoch die Paten ihrer Kinder. Und obgleich sein Name nicht im Taufregister stand, liebte und verehrte Galilei seinen Nachwuchs. Er scheint sogar ein besonders guter Vater gewesen zu sein und wurde von seinen Kindern gleichermaßen geliebt.

Ein einziger Mensch hatte etwas gegen dieses Arrangement einzuwenden, und das war »La Mama«. Nur weil ihr Sohn sie finanziell unterstützte, hieß das noch lange nicht, daß sie ihre Zustimmung gab. Als die Mutter nach Padua kam und Marina in der Küche antraf, machte sie aus ihrer Position keinen Hehl. Galilei war viele Jahre lang nicht in der Lage gewesen, sich emotional zu binden, und das lag mit großer Wahrscheinlichkeit an den ständigen Anforderungen, die seine Mutter an ihn stellte. Doch Marina war der lebende Beweis, daß La Mama verdrängt worden war. Ihr kostbarer fünfunddreißigjähriger Junge war ihr von einer gewöhnlichen kleinen Nutte gestohlen worden. Vom ersten Augenblick an flogen die Fetzen. Marina war kein einfacher Kunde, aber La Mama gab nicht so ohne weiteres klein bei. Es kam zum üblichen Freudschen Drama auf italienisch. Aus dem Streit wurden bald verbale Schlammschlachten, die zu Gekreisch und Haarausreißen ausarteten. Galilei mußte die beiden Frauen in seinem Leben trennen und auf ihren jeweiligen Wohnsitz verbannen. Doch zuvor hatte Mama einen der Diener bestochen, sie auf dem laufenden zu halten. Sie erhielt regelmäßige Berichte über die schändliche Undankbarkeit und Untreue ihres Sohnes, der einzigen Frau gegenüber, die seine Zuneigung verdiente. Es war wohl kein Zufall, daß sich die griechische Tragödie ›Oedipus Rex‹ im Italien der Renaissance höchster Beliebtheit erfreute.

Doch es gab auch andere Ansichten darüber, wer oder was im Mittelpunkt des Universums stehe. Seit einigen Jahren schon hegte Galilei Zweifel am ptolemäischen Weltbild, das den aristotelischen Vorstellungen gemäß die Erde ins Zentrum des Universums rückte. Schon zu seiner Studienzeit in Padua scheint Galilei eher zu Kopernikus' heliozentrischer Auffassung vom Universum geneigt zu haben.

Die von Kopernikus ausgelöste Revolution war von zentraler Bedeutung für die Geburt des wissenschaftlichen Zeitalters. Der polnische Astronom Kopernikus war 1543 gestorben. Den Großteil seines späteren Lebens hatte er als Kanonikus an der Kathedrale von Frauenburg (heute Fromborg) an der polnischen Ostseeküste verbracht. Diese Pfründe hatte ihm die finanzielle Absicherung und Muße ermöglicht, welche die Voraussetzung für seine astronomische Arbeit waren. In seine Untersuchungen bezieht Kopernikus nur 27 eigene Beobachtungen ein. Dies verdeutlicht, daß er sich vor allem als theoretischer Astronom verstand. Kopernikus erwärmte sich vorwiegend aus ästhetischen Überlegungen für den Gedanken eines heliozentrischen Systems.

Anders ausgedrückt, Kopernikus, der mit seiner Idee dem Mittelalter den Garaus machte, verfuhr selbst nach einer typisch mittelalterlichen Vorgehensweise. Sie gründete nicht auf der Beobachtung, daß die Sonne stillstand und die Erde sich um sie drehte. (Beobachten konnte man vor der Erfindung des Fernrohrs nur, wie

die Sonne auf- und unterging, sich also scheinbar bewegte.) Kopernikus bekämpfte die ersten Einwände gegen sein System denn auch nicht, indem er sich auf
seine Beobachtungen berief, sondern indem er sich auf
Ideen stützte. Die Tatsachen wurden hingegen von seinen Widersachern aufgezählt. Sie verwiesen nämlich
darauf, daß sich die Position der Sterne am Himmel
verändern müsse, wenn sich die Erde um die Sonne bewege. Die Sterne veränderten sich jedoch keineswegs. In
seiner kühlen Kathedrale an den Ufern der eisbedeckten
Ostsee hatte Kopernikus viele Stunden Zeit, über diese
Argumente nachzudenken und sich geniale Gegenargu-
mente auszudenken. In diesem speziellen Fall behauptete er einfach, ohne jeden Beweis, die Sterne würden
sich deshalb nicht bewegen, weil sie unendlich weit entfernt von uns seien. Erheblich weiter entfernt, als je ein
Mensch angenommen habe. Kopernikus war der erste
moderne Denker, der den Gedanken einführte, daß das
Universum einen ans Grenzenlose grenzenden Raum
einnehme. (Etwa 2000 Jahre zuvor war diese Behauptung von einigen griechischen Astronomen aufgestellt
worden.) Somit beruht diese das Universum verän-
dernde neuzeitliche Idee nicht auf einem Beweis oder
auf der Vernunft, sondern auf schierer Sophisterei.
Sie entsprang der mittelalterlichsten aller Fertigkeiten,
der Fähigkeit nämlich, sich mit Hilfe von Argumenten
aus einer verzwickten Lage zu winden, gleichgültig,
wie überwältigend alle dagegen sprechenden Beweise
waren.

Doch der mittelalterliche Ansatz birgt auch gewisse Vorteile. Heutzutage erfreut er sich wieder neuer Beliebtheit. (Man denke an die Weltformel, das Ende der Geschichte usw.) Doch wir warten noch auf eine Idee, die sich mit der des Kopernikus messen kann, eine Idee, die in der Lage ist, unser gesamtes Denken zu verändern. Wenn man von der Vergangenheit ausgeht, wird die nächste bahnbrechende Idee, die unser – auch heute noch – beschränktes Weltbild zu erweitern vermag, auf Vorstellungen beruhen, die scheinbar unplausibel sind. Der gekrümmte Raum der Relativität ist nicht weniger unglaublich als eine bewegungslose Sonne.

Doch zurück zur Renaissance, zum riesigen Satz nach vorn, den der menschliche Verstand damals tat. Gegen Kopernikus hielten die Vertreter des Aristoteles einen Trumpf in den Ärmeln ihrer Kutten versteckt: War die Erde der Mittelpunkt des Universums, so fielen die Dinge automatisch infolge einer »natürlichen Kraft« auf die Erdmitte zu. War die Erde jedoch nicht der Mittelpunkt des Universums, warum fiel dann alles, vom Weinglas bis zum Guano, auf die Erde? Auf diese Frage blieb Kopernikus die Antwort schuldig. Als sie schließlich gegeben wurde, kam sie von Newton und hieß Schwerkraft. Das war der erste Schritt in Richtung einer Weltformel. Die Voraussetzung dafür schuf Kopernikus.

Unter seinen gelehrten Freunden verbreitete Kopernikus seine Ideen zwar, veröffentlichte sie aber erst, nachdem er nahezu vier Jahrzehnte immer wieder daran gefeilt hatte. Erst kurz vor seinem Sterbetag, dem 24. Mai 1543, hielt er das erste gedruckte Exemplar seines epochemachenden Werkes ›De Revolutionibus Orbium Coelestium‹ (Über die Kreisbewegungen der Weltkörper) in der Hand.

Kopernikus behauptete, die Planeten umkreisten die Sonne. Allerdings benötigte er zur Berechnung ihrer Bahnen ebenso viele komplizierte Hilfskonstruktionen wie sein Vorgänger Ptolemäus. Dennoch war sein astronomisches System vom ästhetischen Standpunkt weitaus befriedigender. Aber scheinbar ließ Kopernikus' Vorstellung einer um ihre eigene Achse rotierenden Erde sich mit den astronomischen Beobachtungen nicht vereinbaren. Die Himmelsbewegungen zu studieren, kam zunehmend in Mode. (Auch die erste wissenschaftliche Revolution bei den Griechen war von einer ähnlichen Begeisterung für die Astronomie begleitet.)

An der Spitze aller Beobachter der teleskoplosen Ära stand der Däne Tycho Brahe, der 1572 einen neuen Stern im Sternbild der Kassiopeia entdeckte. Es war eine Nova, ein explodierender Stern, der erste, der seit 134 v. Chr. zu sehen war. Ein Jahr lang leuchtete dieser Stern heller als der Planet Venus, und doch war er unleugbar ein Fixstern am Firmament, das heißt keiner der beweglichen Himmelskörper, aus denen sich das Sonnensystem zusammensetzt.

Das Erscheinen dieses Sterns löste bei den ewig Gestrigen Konsternation aus. Aristoteles hatte gesagt, der

Himmel sei perfekt und unveränderlich, da er aus der Quintessenz bestehe (der fünften Essenz, die latent in allen Dingen vorhanden sei). Es konnte weder einen neuen Stern geben, noch konnte ein alter verschwinden. Für Kometen fand man geschickte Ausflüchte. Sie hatten angeblich gar nichts mit dem Himmel zu tun, sondern traten im sublunaren Bereich auf, welcher der Erde am nächsten lag, und waren daher Wetterphänomene oder Ausdünstungen der Erde und keine Sterne.

Nie verlegen um ein gutes Argument, fanden die Aristoteliker rasch eine Erklärung für Tycho Brahes neuen Stern. Er sei nichts weiter als ein »Komet ohne Schweif« und als solcher ebenfalls ein Wetterphänomen. Das Problem war nur, daß er sich nicht bewegte. Die Bewegung war immerhin das wichtigste Merkmal eines Kometen. Es handelte sich also doch ohne Zweifel um einen Stern, der wiederum ohne Zweifel aus dem Nichts aufgetaucht war. Heute heißt er nach seinem Entdecker Tychonischer Stern. Damals fand man einen Kompromiß und betrachtete den sogenannten Stern als eine unerklärliche Merkwürdigkeit.

Tycho Brahe selbst war auch eine unerklärliche Merkwürdigkeit. Als Baby wurde er von einem kinderlosen Onkel entführt und in einem einsamen Schloß in Dänemark großgezogen. Zwölfjährig beobachtete er eine Sonnenfinsternis und schwor sich, sein Leben der wissenschaftlichen Erkenntnis zu widmen. Von jenem Augenblick an nahm er die Wissenschaft sehr ernst. Im

Alter von neunzehn Jahren focht er sogar ein Duell wegen eines mathematischen Problems. Dabei verlor er seine Nase. Er entwarf sich selbst eine Nase aus Silber. Sie war das Modell für Lee Marvins ähnliches Gebilde im Western *Cat Ballou*. Über zwanzig Jahre verbrachte Brahe in seinem unterirdischen, teleskoplosen Observatorium auf der winzigen Insel Hven, die der dänischen Küste vorgelagert ist. In dieser Zeit kartographierte er die Position von 777 Sternen.

Gegen Ende seines Lebens ließ sich der exzentrische Brahe verlocken, nach Prag zu reisen, wo der verrückte Heilige Römische Kaiser Rudolph II. sein Mäzen wurde. In einem böhmischen Schloß richtete Brahe ein Observatorium ein und setzte seine Beobachtungen mit Hilfe eines schwierigen jungen Gehilfen namens Johannes Kepler fort. Sein Assistent wusch sich nicht gern und verglich seine Natur mit der eines Hundes (er sei gefräßig, ohne Ordnung, mache sich beständig bei Vorgesetzten beliebt, habe bissigen Spott auf der Zunge. Dafür sei er aber auch treu und besitze Ehrgefühl). Als Brahe 1601 starb, erbte Kepler seine unzähligen Dokumente über die Positionen der Sterne. Wie das bei Gehilfen so der Fall ist, verbesserte Kepler bald das Werk seines Meisters. Er bemerkte Unstimmigkeiten in Brahes Mars-Beobachtungen, den er auf eine kreisrunde Laufbahn hatte setzen wollen, wie von Kopernikus vorgeschlagen. Schließlich fand Kepler heraus, daß der Mars und alle anderen Planeten die Sonne in Ellipsen umkreisen. Die Sonne stand in einem der beiden Mittelpunkte der Ellipse, und der Planet wurde schneller, wenn er sich der Sonne näherte. Sich auf Berechnungen stützend, die er in seine zuvor verfaßte Abhandlung ›Neue Raummeßkunst für Weinfässer‹ aufgenommen hatte, kam er zu seinem berühmten Flächensatz:

Die Verbindungslinie Planet–Sonne überstreicht in gleichen Zeitspannen gleiche Flächenstücke, d. h. der Planet läuft in Sonnennähe schneller als in Sonnenferne.

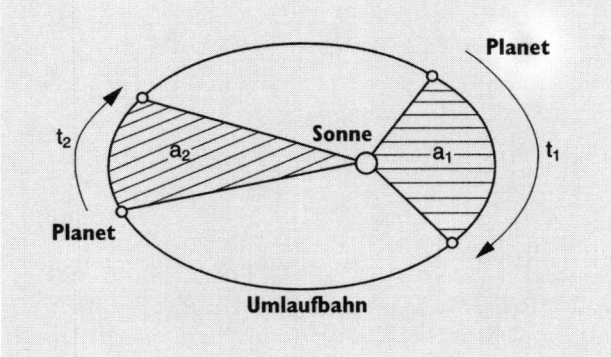

Wenn $t_1 = t_2$ ist, dann ist $a_1 = a_2$.

Um die Wende zum siebzehnten Jahrhundert herum begann Galilei mit Kepler zu korrespondieren. Kepler gegenüber machte er kein Hehl aus seiner Überzeugung, daß Kopernikus' heliozentrisches Weltbild korrekt sei. Er halte jedoch mit seiner Meinung zurück, weil er nicht von seinen aristotelischen Kollegen in Padua ausgelacht werden wolle. Hier ist Galileis Glauben hervorzuheben, daß das kopernikanische Weltbild korrekt sei, er war sich nicht darüber im klaren, daß Kepler bereits daran gearbeitet hatte, Kopernikus' Auffassung zu bestätigen und zu korrigieren.

1604 erschien eine weitere Supernova am Himmel. Galilei erfuhr wenige Tage später davon und machte sich sofort an die Beobachtung der neuen Himmelserscheinung. Wie der Tychonische Stern wurde auch diese Supernova bald so hell, daß sie selbst tagsüber sichtbar war. Galilei nahm mit verschiedenen europäischen Astronomen Verbindung auf. Sie bestätigten die von Galilei ermittelte Position und daß sich der Stern in der Tat nicht bewege. Ihre Beobachtungen und Messungen hätten ergeben, daß der Stern nicht zu unserem Sonnensystem gehöre, sondern weit entfernt von der Erde sei.

In mehreren Vorlesungen legte Galilei dar, wie dieser Stern die aristotelische Auffassung vom Himmel widerlege, und handelte sich damit eine öffentliche Fehde mit Cesare Cremonini ein. Der Philosophieprofessor Cremonini war ein angesehener Scholastiker und enger Freund Galileis. Doch daß ein mickriger Mathematiker abfällige Bemerkungen über Aristoteles machte, der doch der Vater aller Gelehrsamkeit war, überstieg Cremoninis Toleranzgrenze. Er argumentierte, die physikalischen Gesetze und alle Messungen hätten nur in der sublunearen Sphäre Gültigkeit. Die Himmel, zu denen die Planeten und Sterne gehörten, gehorchten nicht denselben Gesetzen wie die Erde. Deshalb widersprachen auf der Erde durchgeführte Messungen nur scheinbar dem Aristoteles, in Wirklichkeit seien sie irrelevant. Galilei war zum damaligen Zeitpunkt nicht in der Lage, dieses Argument zu widerlegen, da er über keine stichhaltigen Beweise verfügte. Keplers Arbeiten über die Ellipsenbahnen der Planeten waren ihm nicht bekannt. Aus ihnen ging eindeutig hervor, daß die Mathematik für den Himmel ebenso galt wie für die Erde, so daß man zu Recht vermuten durfte, daß in beiden Bereichen auch dieselben physikalischen Gesetze Gültigkeit hatten.

Galilei hatte das vierzigste Lebensjahr erreicht, doch zu seinem großen Kummer war er noch immer weder berühmt noch reich. Andere Kümmerlinge hatten sich einen Namen gemacht oder verdienten mehr als er. Sein Gehalt in Padua belief sich auf 520 Dukaten, die Hälfte dessen, was ein Philosophieprofessor erhielt. Er hatte eine Reihe brillanter Erfindungen gemacht, für die Landwirtschaft, die Armee und die Medizin, doch als Goldesel hatte sich keine erwiesen. Das Geschäft mit seinen Militärzirkeln hatten andere gemacht, die entdeckten, daß Galileis Patent jene rivalisierenden Versionen des Zirkels nicht schützte, die hergestellt worden waren, bevor er den seinen »erfand«. Galilei mußte inzwischen für eine Familie sorgen, die sich aus drei heranwachsenden Kindern, einer eigensinnigen Mätresse und »La Mama« im Familienwohnsitz in Florenz zusammensetzte. (Außerdem mußte er, nachdem er die Mitgift seiner älteren Schwester abgestottert hatte, auch die beiden jüngeren verheiraten. Sein Bruder, der inzwischen als Musiker arriviert war, beteiligte sich daran nicht.) Von seiner eigenen ungeordneten Lebensweise ganz zu schweigen.

Ständig lag Galilei seinen Freunden mit seinen Geldnöten in den Ohren. Er belagerte sogar Sagredo, er solle Druck auf die venezianischen Behörden ausüben, damit Galilei eine Gehaltserhöhung bekäme. Auch denjenigen, die gern mit ihm zusammen waren, wurde er manchmal zuviel. Galilei war felsenfest davon überzeugt, ein hervorragender Wissenschaftler, Erfinder und eine außerordentliche Persönlichkeit zu sein. Nur weigerte sich die Welt hartnäckig, seine Brillanz anzuerkennen. Den weniger selbstbewußten Menschen tief in seinem Inneren verlangte es immer mehr nach Bestätigung. Er geriet in seine Midlife-crisis. Voll Selbstmitleid ersuchte er bei Großherzog Ferdinand I. um eine Anstellung. Vielleicht würde man ihn in seiner Heimatstadt Florenz mehr zu würdigen wissen. Ferdinand I. sah in Galilei immerhin die höchste Zierde der Toskana, den größten Mathematiker aller Zeiten. Bisher hatte er sich jedoch nicht dazu aufraffen können, seine Wertschätzung in greifbarer Form auszudrücken. Doch endlich hatte Galilei Glück. Der Großherzog suchte einen Lehrer für seinen Sohn und Erben, den fünfzehnjährigen Cosimo. Die Villa Fratolino stand Galilei zur freien

Verfügung. Galilei lebte im Luxus und gewann das Herz seines Zöglings. Doch dann hieß es wieder zurück nach Padua, wo seine Gläubiger auf ihn warteten.

Vier Jahre später sollte Galilei des Herzogs Großzügigkeit auf ungewöhnliche Weise zurückzahlen. Großherzogin Christine war der irrigen Meinung, Galilei sei ein großer Astrologe. Deshalb bat sie ihn um ein Horoskop, als ihr Gatte erkrankte. Galilei wollte sich ihre Gunst nicht verscherzen und erstellte das übliche mit Sternen übersäte Horoskop. Die Konstellationen verhießen nur Gutes, behauptete er. Die Bewegungen am Himmelsgewölbe sagten Ferdinands baldige Genesung voraus, und es seien ihm noch viele Jahre bestimmt. Leider war Ferdinand einen Monat später unter der Erde. Wieder hatte sich Galilei ein Bein gestellt.

Im Juli 1609 verbrachte Galilei wie so oft das Wochenende in Venedig. In der Stadt kursierten Gerüchte, ein holländischer Brillenmacher aus Middelburg habe ein Gerät erfunden, das entfernte Objekte näher erscheinen lasse. Es bestehe aus zwei Linsen, die in einem Rohr hintereinander montiert waren. Sehe man hindurch, wirke ein viele Meilen entfernter Kirchturm, als stehe er gleich hinter dem nächsten Feld. Eines dieser Wunder namens *perspicillium* sei schon in Mailand vorgeführt worden.

Sofort begriff Galilei das Prinzip der Erfindung und erkannte ihr geschäftliches Potential. Als er herausfand, daß das Gerät nicht patentiert war, machte er auf dem Absatz kehrt und fuhr zurück nach Padua, um sich mit der Konstruktion zu befassen. »In der ersten Nacht nach meiner Rückkehr hatte ich die Aufgabe gelöst«, brüstete er sich später, »und am folgenden Tag bereits hatte ich das Instrument fertiggestellt ...« Wie immer übertrieb er, dennoch hatte er ohne Zweifel schnelle Arbeit geleistet. Innerhalb von vierzehn Tagen baute Galilei ein Gerät, das dreimal vergrößerte, und es dauerte nicht lange, bis er die Vergrößerung verzehnfacht hatte. Sogleich eilte er nach Venedig, um das Instrument dem Dogen und der Signoria vorzuführen. Er wies darauf hin, wie lebenswichtig das *perspicillium* für die Verteidigung einer Hafenstadt wie Venedig sei, da man feindliche Schiffe viele Stunden vor ihrem Angriff ausmachen könne.

Der Doge und seine Ratsherren waren zutiefst beeindruckt. Rasch zeigte sich, daß man jeden Preis für dieses Gerät zu zahlen bereit war. Galilei hatte jedoch in den zahlreichen Jahren, die er in der Republik Venedig verbracht hatte, einiges dazugelernt – nicht zuletzt von Freunden wie Sagredo, die eine wichtige Rolle in Venedig spielten und einen Blick hinter die politischen Kulissen der Stadt geworfen hatten. Folglich schenkte Galilei dem Dogen sein Fernrohr zur Verteidigung Venedigs. Auf die Belohnung brauchte er nicht lange zu warten. Innerhalb von einem Monat hatte die Signoria in einer Abstimmung entschieden, daß Galileis Gehalt auf 1000 Dukaten verdoppelt und ihm zusätzlich ein Geschenk von 500 Dukaten überreicht werde. Seine Professur in Padua wurde überdies zu einer Stellung auf Lebenszeit umgewandelt.

Zum Glück ging alles sehr rasch und war unwiderruflich. Es dauerte nämlich nur noch ein paar Wochen, und billige Fernrohre überschwemmten den Markt. Auch in Venedig wurden sie für wenige Scudi verkauft. Galilei bezeichnete sie verächtlich als Spielzeug. Ihre Vergrößerung sei im Vergleich mit seinen Geräten nur minimal. Tatsächlich hatte Galilei inzwischen ein Fernrohr konstruiert, das 32fach vergrößerte.

Galilei schien die Zeit gekommen, dem Instrument einen neuen Namen zu geben und es als seine persönliche Erfindung zu beanspruchen. Er taufte es Teleskop. Die Neuigkeit von seiner wundersamen Erfindung machte rasch die Runde. Das Wort Teleskop setzt sich aus den griechischen Wörtern für »fern« und »sehen« zusammen. Wie das Gerät, war auch der Name nicht von Galilei erfunden. Der Name Teleskop war zuerst von dem vielseitig begabten Prinzen Cesi verwendet worden, der nicht nur die erste moderne Akademie, die Accademia dei Lincei, in Rom gründete, sondern auch ein Jahrhundert vor Linné, dem Begründer der modernen Botanik, ein Klassifikationssystem für die Pflanzen vorschlug. Galilei verteidigte seine Behauptung, er habe das Teleskop erfunden, angesichts unwiderlegbarer Gegenbeweise mit der ihm eigenen Dreistigkeit, indem er behauptete, jeder Idiot könne so etwas zufällig entdecken. Er habe das Teleskop aber mit Hilfe seines Verstandes erfunden, und dazu bedürfe es wahrer Originalität. Galilei hatte seinen Witz nicht umsonst an den Scholastikern geschärft. Unbestreitbar ist, daß Galilei die schlichte Erfindung in ein höchst effizientes Gerät verwandelte. Eine der Verbesserungen, die er vornahm, betraf die Linsenkrümmung, so daß das Gerät für astronomische Beobachtungen einsetzbar wurde. Galilei hatte nämlich rasch diese Nutzungsmöglichkeit des Teleskops erkannt, doch auch darin war er kein Pionier gewesen.

Galilei richtete sein Teleskop gerade zum erstenmal auf den Himmel, da erstellte der englische Wissenschaftler Thomas Harriot (ca. 1560–1621) bereits eine Mondkarte. Harriot war auf vielen Gebieten ein bemerkenswerter Mensch. Er führte eine umfassende Untersuchung aller »Ureinwohner« der britischen Kolonie Virginia durch und war auch in die Pulververschwörung verstrickt.* Seine wissenschaftliche Biographie ist noch faszinierender. Nach Fertigstellung seiner Mondkarte wurde er zu einem der führenden Astronomen seiner Zeit. Er erfand Symbole zur Vereinfachung algebraischer Gleichungen, und er war ein begeisterter »Trinker« von Tabakrauch, den er für ein Allheilmittel hielt. Harriot war ein typisches Beispiel für jene Genies, die durch die intellektuellen Erschütterungen in den europäischen Köpfen nach oben kamen.

Wie wir sahen, war ein völlig neues Zeitalter in der Entstehung begriffen. Selbst für uns Menschen des zwanzigsten Jahrhunderts, für die Umbrüche auf der Tagesordnung stehen, sind große Veränderungen verwir-

---

* gescheiterter Versuch katholischer Edelleute, Jakob I. und das Parlament in die Luft zu sprengen.

rend. Zu einer Zeit, in der sich jahrhundertelang nichts ereignet hatte, war der damalige Einschnitt von höchster Bedeutung. Die einen blickten erwartungsvoll in die Zukunft, die anderen waren fest entschlossen, an den alten Gewißheiten festzuhalten. Wie das Beispiel von Harriot und die Erfindung des Teleskops zeigen, stand Galilei nicht alleine da, auch wenn er sich oft isoliert fühlte. Wie bedeutend Galilei war, zeigt sich gerade an seinen vielen Konkurrenten, die er theoretisch wie praktisch mühelos in den Schatten stellte. Das lag an seiner tiefen Einsicht in die Natur und der Originalität seines Denkens – zumindest wenn es um die Weiterentwicklung einer Entdeckung ging. (Er war Newton in jeder Hinsicht ein würdiger Wegbereiter!)

Man könnte sagen, daß Galilei bisher noch immer nicht sein volles Potential entwickelt hatte. Erst als er über vierzig war, wurde er zu einer überragenden europäischen Gestalt, vergleichbar mit Kepler, dem Mathematiker-Philosophen Descartes oder Harvey, der den Blutkreislauf entdeckte. Diese Männer bildeten die Brücke zwischen den Zeitaltern Leonardos und Newtons. Galileis Aufstieg brachte ihm zu guter Letzt viele der weltlichen Belohnungen, nach denen ihn dürstete, er führte aber auch zu einer Prüfung seines Charakters, die er nicht vorausgesehen hatte.

Galilei machte sich nun mit seinem Teleskop an die Erforschung des Himmels. Er sah sich als niemand geringeren als den neuen Kolumbus. Und in der Tat waren seine Entdeckungen fast ähnlich sensationell. Seit etwa

3500 Jahren stagnierte das Wissen auf dem Gebiet der Astronomie. Die Babylonier, die den nächtlichen Sternenhimmel von der höchsten Plattform ihrer Zikkurats aus beobachteten, hatten alles entdeckt, was mit dem bloßen Auge möglich war.

In jener Nacht, da Galilei sein Teleskop ans Auge setzte, sah er einen völlig veränderten Mond. Statt einer strahlenden halben Scheibe erblickte er einen großen, geheimnisvollen kugelförmigen Körper, der von einem Schatten geteilt wurde, dessen scharfe Kante wegen der rauhen Oberfläche des Planeten gezackt zu sein schien. Eine genaue Untersuchung ergab eindeutig runde Krater, Höhenzüge und meerartige Vertiefungen. Die Himmelskörper waren also keine perfekten Kugeln. Galilei erkannte, daß das Ende der aristotelischen Astronomie gekommen war. Eine weitere Überraschung erlebte er, als er sein Teleskop auf die Milchstraße richtete: Sie verwandelte sich aus einem transparenten Nebel zu einem riesigen Sternenteppich.

Sogleich setzte sich Galilei an eine systematische Untersuchung und machte sensationelle Entdeckungen. Jupiter hatte vier »Wandelsterne« oder Monde, die ihn umkreisten. Er taufte sie »Medicea Sidera«, die Medici-Sterne, zu Ehren seines Schülers, der inzwischen Großherzog geworden war. Galilei beobachtete auch die Venusphasen, die dem Mond ähneln, wenn dieser ab- und zunimmt. Damit hatte er den unwiderlegbaren Beweis gefunden, daß die Venus die Sonne umkreist (und nahegelegt, daß die Erde das gleiche tat). Bei der Beobach-

tung der Sonne stellte er fest, daß sie schwarze Flecken
aufwies: »Sonnenflecken entstehen und vergehen in
längeren und kürzeren Perioden; einige verdichten sich
und andere expandieren von Tag zu Tag; sie ändern ihre
Gestalten, und einige derselben sind höchst irregulär;
hier ist ihre Dunkelheit größer, dort kleiner.« Sie lösten
sich aber nicht nur auf, sondern bildeten sich auch be-
liebig neu und nahmen wie die Wolken verschiedene
Formen an.

Er machte Skizzen vom Saturn, den man damals für den
am weitesten entfernten Planeten im Sonnensystem
hielt.

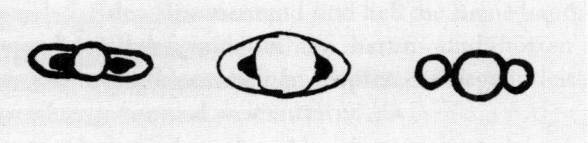

In seinen Aufzeichnungen können wir lesen: »Saturn
besteht nicht aus einem einzigen Stern, sondern aus
deren drei in einem, die einander berühren ... wobei
lediglich ein kleiner dunkler Zwischenraum zwischen
ihnen besteht.« Daß sich Galilei hinsichtlich der Ringe
Saturns täuschte, ist nicht weiter verwunderlich. Viel
überraschender ist die Tatsache, daß er den Planeten
mit seinen begrenzten Mitteln überhaupt so detailliert
beobachten konnte. Erst wer versucht hat, Saturn durch
ein Renaissance-Teleskop mit 32facher Vergrößerung

zu beobachten, wird die Leistung, die hinter Galileis Entdeckung steckt, zu würdigen wissen. Sie muß das Ergebnis langer, ermüdender Stunden der Beobachtung, einfühlsamer wissenschaftlicher Vorstellungskraft und inspirierten Ratens zu gleichen Anteilen gewesen sein. Wenn man zudem Galileis beschränkte Kenntnis des Universums in Betracht zieht, grenzen seine Entdeckungen ans Wunderbare.

1610 veröffentlichte Galilei seine neuen Erkenntnisse in dem Traktat ›Sidereus nuncius‹ (Sternenbote). Die kurze, elegante Abhandlung war in Latein verfaßt und wurde bei den Gebildeten, die diese Sprache beherrschten, über Nacht zur Sensation. Auch diesmal meldeten sich Galileis Widersacher sofort zu Wort. Der jesuitische Astronom Christoph Scheiner aus Bayern hatte sein eigenes Teleskop gebaut, mit dem er ebenfalls Flecken auf der Sonne aufgespürt hatte. (Das war bereits einige Zeit vor Galileis Entdeckung geschehen.) Pater Scheiners Superior war davon jedoch nicht beeindruckt, was er mit folgenden Worten kundtat: »Ich habe den ganzen Aristoteles studiert und kann Euch versichern, mein Sohn, ich habe nichts von dem darin gefunden, was Ihr mir beschreibt ... Eure Sonnenflecken sind nichts als Täuschungen Eures Fernrohres oder Unzulänglichkeiten Eures Augenlichtes.« Scheiner war anderer Meinung als sein Superior und auch als Galilei. Seiner Ansicht nach hatte er winzige Planeten entdeckt, die in geringem Abstand um die Sonne kreisten. Scheiner mußte seine Erkenntnisse jedoch anonym veröffentlichen.

Galilei reagierte heftig auf Scheiners berechtigten Hinweis, er habe die Sonnenflecken als erster entdeckt. Wieder hatten sich die Scholastiker, die Jesuiten, die päpstlichen Behörden, seine Feinde und seine Gläubiger gegen ihn verschworen. Obwohl er einerseits äußerst stolz darauf war, der berühmte Verfasser des ›Sidereus nuncius‹ zu sein, war er innerlich zerrissen infolge der Unsicherheit, die seine Angst vor Widerspruch hervorbrachte. Je berühmter und größer er wurde, um so mehr wuchs seine Angst. Seine Antworten an Scheiner und an andere, die bescheidene Einwände erhoben, waren einfach unerträglich. Galilei ließ nicht davon ab, sich weiterhin unnötige Feinde zu schaffen.

Doch wenigstens hatte er nun eine lebenslängliche Anstellung in Padua. Die venezianischen Behörden und der großherzige Doge waren deshalb höchst überrascht, als sie erfuhren, Galilei wolle der Serenissima den Rücken kehren. 1610 war Cosimo de Medici Großherzog der Toskana geworden, woraufhin er seinem einstigen Lehrer die Stelle des »Ersten Mathematikers und Philosophen des Großherzogs von Toskana« anbot. Dazu gehörte die Unterbringung im Palast der Villa Bellosguardo auf einem Hügel über Florenz. Galilei hatte bei diesem Angebot ein wenig nachgeholfen. Er sehnte sich danach, in aller Ruhe zu forschen, ohne daß er Studenten unterrichten und Vorlesungen über aristotelisches Geschwätz und ptolemäischen Unsinn abzuhalten brauchte. Ebenso wünschte er, daß die politischen Intrigen gegen ihn aufhörten und er mittelmäßig begabten Machthabern nicht mehr nach dem Munde reden mußte. In seiner Villa auf dem Hügel unter groß-herzoglichem Schutz würde er über der Politik stehen und seine ganze Zeit der Forschung widmen können.

Galilei packte seine Siebensachen und verließ Padua mit seinen beiden Töchtern. Seinen vierjährigen Sohn ließ er noch zwei Jahre in der Obhut der Mutter, die in Pa-dua blieb. Das Ende der venezianischen Ära bedeutete auch das Ende seiner Beziehung zu Marina. Diesem scheinbar herzlosen Arrangement scheinen beide Par-teien zugestimmt zu haben, zumindest spiegelte sich darin ein gesellschaftlich akzeptierter Brauch. Es dau-erte kein Jahr, und Marina war – nicht ohne Galileis Zutun – glücklich verheiratet. Das läßt darauf schlie-ßen, daß sie kein gebrochenes Herz hatte, dafür aber eine ordentliche Mitgift erhalten hatte. (Was ein be-zeichnendes Licht auf beide Seiten von Galileis Wesen wirft.) Am meisten würde ihm natürlich Sagredo feh-len. In der Toskana gab es nicht so viele ausschweifende Feste, das dekadente Leben setzte dort erst später ein – zur Zeit ihres Niedergangs. Galilei blieb jedoch weiter-hin in Verbindung mit Sagredo. Sie schrieben sich monatlich, manchmal wöchentlich bis zu Sagredos Tod zehn Jahre später.

Galileis Forschungen gingen zügig voran, nun, da sein Geist endlich frei war, sich fortschrittliche Theorien auszudenken. Schon bald konnte er die Finsternisse (Eklipsen) der Jupitermonde voraussagen. Die Tat-sache, daß Jupiter, ebenso wie die Erde, von Monden umkreist wurde und sich dabei zusätzlich um die Sonne bewegte, legte nahe, daß auch die Erde dies tat. Das war Galileis stärkstes Argument für das kopernikanische System. Er legte nun genaue Tabellen an, denen die zukünftigen Positionen der Jupitermonde und ihre häufigen Eklipsen zu entnehmen waren. Er schlug vor, sie auf hoher See für die Bestimmung des Längengrades zu verwenden. Doch Galileis Methode stellte sich als wenig praktikabel heraus, und das Problem der Längengradbestimmung wurde erst über ein Jahrhundert später gelöst, nachdem das Uhrmacherhandwerk mit dem Chronometer den großen Durchbruch erzielte.

Merkwürdigerweise lehnte Galilei Keplers Beweise für elliptische Planetenumlaufbahnen ab, obwohl er selbst präzise Beobachtungen der Planeten durchführte. Sein ganzes Leben lang hielt Galilei an der aristotelischen Vorstellung fest, daß die Planetenbahnen kreisförmig verliefen. Das hinderte ihn aber nicht, originelle Gedanken über die Mechanik der kreisenden Planeten zu entwickeln. Er vermutete, die Trägheit der um die Sonne kreisenden Planeten sei auf eine Art Magnetismus zurückzuführen. Seinen Unterlagen ist zu entnehmen, daß er kurz davor stand, die Schwerkraft als eine universale Kraft zu erkennen. Er verwarf den Gedanken jedoch, merkwürdigerweise aus demselben Grund wie Descartes. Der Magnetismus war für beide eine »okkulte« Kraft, das heißt eine metaphysische und keine wissenschaftliche Erklärung. Galilei mag zudem noch von Resten der »Trägheit« sowie Aristoteles' »natürlicher« Kraft, die alles zum Mittelpunkt der Erde zieht, beeinflußt gewesen sein. Dennoch war seine Anwendung der Physik auf die Planetenbewegung eine epochale Leistung. Kepler hatte die irdische Mathematik auf das Universum angewandt, nun zeigte Galilei, daß auch die irdischen Gesetze der Physik universal gültig waren.

»Die Gesetze der Erde gelten auch für den Himmel«, diese Aussage ging einen Schritt zu weit. Im Vatikan spitzte man die Ohren. Doch Galilei ließ sich keine grauen Haare darüber wachsen. Immerhin war er 1611 so berühmt, daß er an den päpstlichen Hof in Rom geladen wurde, um sein neues Fernrohr vorzuführen. Die päpstlichen Würdenträger waren tief beeindruckt. Galilei faßte daraufhin den Entschluß, sich zum Kopernikanismus zu bekennen. Er veröffentlichte eine kurze Schrift über Sonnenflecken, und in elegantem Italienisch legte er dar, wie diese bewiesen, daß Ptolemäus unrecht hatte. Sein Werk wurde rasch zum Bestseller, vor allem bei den Studenten. Die Aristoteliker erkannten die Bedrohung. Wenn sich die Dinge weiter so entwickelten, würden sie bald alle arbeitslos sein. Die Akademiker und Kleriker warteten mit ihren beträchtlichen polemischen Fähigkeiten auf. Andere streckten heimlich politische Fühler aus. Gegen Galilei mußte etwas unternommen werden.

Die Aristoteliker wiesen völlig zu Recht darauf hin, daß das kopernikanische Sonnensystem im Widerspruch zum Universum in der Bibel stand. Die Kirche sah, daß sie handeln mußte. Diese Ketzerei durfte nicht geduldet werden.

Der Konflikt zwischen Kirche und Wissenschaft war historisch unvermeidbar, wenngleich er in anderer Hinsicht völlig unnötig war. Im Mittelalter hatte allein das Christentum die westliche Zivilisation am Leben erhalten. Wissen und Kultur waren in isolierten christlichen Gemeinschaften bewahrt worden. Das Wissen verbreitete sich während des frühen Mittelalters nur von einer Quelle aus: der Kirche. Durch die intellektuelle Stagnation des Hochmittelalters hatte die Kirche, fast ungewollt, kulturell eine Monopolstellung inne. Der intellektuelle Umbruch der Renaissance brachte die Kirche plötzlich in eine unangenehme Lage. Da sie ihr Bildungsmonopol nicht aufgeben wollte, bestimmte sie, daß sich die Wissenschaft nach ihrer Lehre zu richten habe. Progressives Denken wurde gezügelt, bis alles Denken stillstand. Eine Seite mußte nachgeben. Es war Galileis Pech, daß er in dieser Auseinandersetzung zur Galionsfigur wurde.

Umgekehrt befindet sich die Wissenschaft unseres ausgehenden Jahrhunderts in einer ähnlichen Lage wie die Kirche zu Beginn des siebzehnten Jahrhunderts. Die Wissenschaft heute betrachtet sich als Herrscherin allen Wissens. Wissen, das den wissenschaftlichen Kriterien nicht gehorcht, zählt nicht, wie etwa die Metaphysik oder die Mystik. Die Wissenschaftler machen sich sogar anheischig, ihr Fachgebiet zu überschreiten, indem sie Aussagen über Gott machen, was er sei, ob er existiere, ob es überhaupt »Raum« für ihn gebe usw. Wird sich die Religion von dieser Demütigung erholen, oder wird ein verhängnisvolles Umdenken dazu führen, daß die Wissenschaft ihre Überheblichkeit bereut? Die Wissenschaft hat bei dem Versuch, die spirituellen und philosophischen Belange der Menschheit zu ihrer Domäne zu erklären, möglicherweise ihre Kompetenz überschritten. Ob ihr dasselbe Schicksal wie einst der Religion beschieden ist, wird sich weisen. Es ist sinnvoll, derlei übergreifende historische Überlegungen nicht aus den Augen zu verlieren, wenn wir uns an Galileis Seite in einen der großen intellektuellen Kämpfe der Geschichte stürzen. Die Vergangenheit war einst Gegenwart, wie auch dereinst die Gegenwart als eine mit hoffnungslosen Vorurteilen behaftete, lächerliche Vergangenheit gesehen werden wird.

Zurück ins siebzehnte Jahrhundert. Galileis Gegner gingen zum Angriff über. Die Geistlichen wetterten bald von allen Kanzeln Italiens gegen den »Mathematiker«. Sie traten gegen seine Lehre von der Bewegung der Erde an. Letztendlich lief es nicht auf die Wahrheitsfindung, sondern auf einen Machtkampf hinaus. Die Kirche versuchte zu verhindern, daß ihr Einfluß in Europa weiter abnahm, ganz zu schweigen von dem Einkommen, das ihr aus Europa zufloß. Letzteres, das weit über den meisten nationalen Budgets lag, stammte von solchen fragwürdigen Geschäften wie dem Ablaßhandel. (Mit einem Ablaß konnte man die Vergebung der Sünden erkaufen und sich so einen Zugang zum Himmel sichern.)

Gegen Leute wie Galilei konnte die Kirche noch immer mit schwerem Geschütz auffahren. Galilei wurde wegen Blasphemie bei der Inquisition angeschwärzt – merkwürdigerweise aber nicht wegen seines kopernikanischen Weltbildes, sondern wegen seines »Glaubens« an den Atomismus. Dieser stelle angeblich eine große Bedrohung des Dogmas von der Eucharistie dar. Wenn Wein und Hostie aus Atomen zusammengesetzt seien, konnten sie nicht zu Fleisch und Blut Jesu werden. Galilei versuchte nach Kräften, sich durch geschickte Argumentation aus der Affäre zu ziehen. In seinem Schreiben an Rom legte er dar, die Kirche habe in der Vergangenheit ihre stillschweigende Zustimmung zu einer allegorischen Auslegung der Heiligen Schrift gegeben, wenn sich diese nicht mit der wissenschaftlichen Realität deckte. Er bat um Rücksicht für den qualvollen Seelenkampf von Menschen, die von einem mathematischen oder naturwissenschaftlichen Beweis völlig überzeugt seien und dann feststellen müßten, daß dies Sünde sei. In Windeseile verstrickte sich Galilei in die Netze der vatikanischen Politik.

Schließlich machte sich Galilei 1615 erneut auf den Weg nach Rom, da er es für klug hielt, seine Sache persönlich vorzutragen. Es gelang ihm, dem größten Wissenschaftler seiner Zeit, jedoch nicht, die entscheidende Persönlichkeit des Inquisitionsgerichts, Kardinal Roberto Bellarmino, durch seine rationalen Argumente zu überzeugen. In den Augen des Kardinals hatte die Lehre von der Bewegung der Erde den Rang eines mathematischen

Modells, das aber keineswegs mit der Wirklichkeit übereinstimmen mußte. (Außerdem verwahrte er sich dagegen, daß Galilei als Laie ein Mitspracherecht bei der Auslegung der Bibel beanspruchte.) Diese Auffassung stammte aus Platons Zeiten und war längst wenige Jahrhunderte nach Platons Tod von Archimedes widerlegt worden. Unglücklicherweise war zwischen Platon und Archimedes Aristoteles auf der Bildfläche erschienen. Er hatte die platonische Sicht der Dinge übernommen, was wiederum hieß, daß das die Meinung der Kirche war – und auch weiterhin bleiben würde.

Die Kirche hatte genug Ärger mit den Protestanten, da hatten ihr die aufbegehrenden Wissenschaftler gerade noch gefehlt! 1616 beschloß Kardinal Roberto Bellarmino, der Sache ein für allemal ein Ende zu setzen. Kopernikus' großes Werk ›De Revolutionibus Orbium Coelestium‹ wurde auf den Index gesetzt, und das kopernikanische System wurde in einem Dekret als »töricht und absurd« verurteilt. (Eines reichte offenbar nicht.) Kurz vor der Veröffentlichung des Dekrets wurde Galilei zu einer Privataudienz vorgeladen. Im Verlauf derselben warnte man ihn feierlich, er dürfe den Kopernikanismus weder selbst für wahr halten noch verteidigen. Er dürfe ihn allenfalls wie einen mathematischen Lehrsatz betrachten und verwenden. (Ersteres wäre wahrscheinlich »töricht« gewesen, letzteres war bloß »absurd«.)

Galilei leckte seine Wunden und kehrte in die Abgeschiedenheit seiner toskanischen Villa zurück. Er war zu der Auffassung gelangt, daß man das logische Problem der kirchlichen Auffassung am besten auf sich beruhen ließ. Privat vertrat er hingegen die Auffasung, die Bibel zeige den Weg zum Himmel, nicht die Wege des Himmels.

Während der folgenden sieben Jahre setzte Galilei seine Studien fort und veröffentlichte nur gelegentlich ein unverfängliches Traktat über Themen wie Ebbe und Flut oder die Kometen. Seine Erklärungen dieser Phänomene blieben allerdings implizit kontrovers. Seine Erklärung der Gezeiten, die im übrigen falsch war, hatte die Drehung der Welt um ihre Achse und um die Sonne zur Voraussetzung. Gleichermaßen bestand er darauf, daß Kometen keine Wetterphänomene seien, und wandte sich somit gegen die Unveränderlichkeit des aristotelischen Himmels.

Doch das ruhige Leben entsprach einfach nicht Galileis Temperament. Als der Jesuitenpater Orazio Grassi ein Pamphlet über die Kometen veröffentlichte, in dem er sich über Galileis Theorie lustig machte und sich für das ptolemäische System aussprach, war es mit Galileis Selbstbeherrschung vorbei.

1632 ergriff der achtundfünfzigjährige Galilei das Wort in Form eines Traktats mit dem Titel ›Saggiatore‹ (Prüfer mit der Goldwaage). Hierin erteilt Galilei nicht nur einem genialen wissenschaftlichen Ignoranten eine Abfuhr, sondern legt seine philosophischen Ansichten zur Materie dar. Sie waren so zukunftsweisend, daß Einstein davon noch 300 Jahre später beeindruckt und beeinflußt wurde. Galilei erklärte, »das Buch der Natur ist in der Sprache der Mathematik geschrieben«, und diese Auffassung wurde ein Dogma für Einsteins Beschreibung des Universums, die auf mathematischer Spekulation und nicht auf dem Experiment beruht.

Um sicherzugehen, widmete Galilei das neue Werk dem ruhmreichen neuen Papst Urban VIII. Das war mehr als Speichelleckerei. Urban VIII. war 1611, als er noch der Kardinal Maffeo Barberini war, Galilei vom Großherzog der Toskana vorgestellt worden. Obwohl Barberini ein überzeugter Aristoteliker war, beeindruckten ihn Galileis Ansichten so sehr, daß er ein überschwengliches Gedicht über ihn verfaßt hatte:

Ein and'rer staunt über das Herz des Skorpions,
Die Fackel des Sirius,
Die Monde des Jupiter
Oder die Ohren von Vater Saturn
Uns offenbart durch dein Glas, O trefflicher Galileo ...

Barberinis Verstand war höchst elastisch, er brachte die Astronomie, die Astrologie sowie die beiden einander widersprechenden Weltbilder des Kopernikus und des Ptolemäus unter einen Hut. Dieser Drahtseilakt hatte Galilei einst beeindruckt, und er glaubte, bei dem neuen Papst auf mehr Wohlwollen zu stoßen.

1624 machte sich Galilei erneut nach Rom auf, voller Zuversicht, daß der neue Papst ihn bald von seinem quälenden Versprechen gegenüber Kardinal Bellarmino, über Kopernikus zu schweigen, erlösen würde. Doch Urban, der sich selbst übertraf, als er einen Borgia heiligsprach, war mehr als nur ein geschickter Gedankenakrobat. Um das höchste Amt zu erlangen, hatte er gleichermaßen ein geschickter politischer Akrobat werden müssen. Bei all seiner Bewunderung für Galilei teilte er doch aus taktischen Gründen die Meinung seiner Ratgeber, welche der gegenteiligen Auffassung waren. Sehr zu Galileis Enttäuschung war keine Rede davon, ihn von seiner universalen Schweigepflicht zu entbinden. Nachdem Urban Galilei diesen Punkt klargemacht hatte, gestattete Urban Galilei, über die Weltbilder zu schreiben, aber nur unter der Bedingung, daß er weder das kopernikanische noch das ptolemäische Weltbild favorisiere. Er beendete seine Ausführungen mit einer tiefsinnigen, doch nicht ganz unzweideutigen Bemerkung, daß der Mensch nie wissen könne, wie Gott die Welt geschaffen habe, denn Gott hätte genau dieselben Wirkungen auf Wegen erreichen können, die für den Menschen völlig unvorstellbar seien. Der Mensch dürfe deshalb nicht daran festhalten, daß die Welt auf eine bestimmte Weise entstanden sei, denn das sei eine Einschränkung der göttlichen Allmacht. Dieses Credo mag es Urban VIII. gestattet haben, an so viele unterschiedliche Theorien zu glauben, wie sein Verstand fassen konnte, doch sein unausgesprochener Befehl war eindeutig: »Du sollst nicht das kopernikanische Weltbild verbreiten.« Um die allerletzten Zweifel zu beseitigen, die Galilei gehegt haben mochte, erhielt er zusätzlich ein sehr viel weniger philosophisches Schreiben von Kardinal Niccolo Riccardi, dem obersten Zensor.

Galilei kehrte in seine Villa vor den Toren Florenz' zurück. Er faßte den Entschluß, den Papst beim Wort zu nehmen (was immer dieser gemeint haben mochte), und verwandte die beiden nächsten Jahre darauf, den ›Dialogo sopra i due Massimis Sistemi Del Mondo Tolemaico E Copernicano‹ (Dialog über die beiden hauptsächlichsten Weltsysteme, das ptolemäische und das kopernikanische) zu schreiben. Die Abhandlung ist eingebettet in den vier Tage während Dialog dreier Personen, die sich in einem rosaroten Palast in Venedig aufhalten. Der Treffpunkt ist als Sagredos venezianischer Wohnsitz erkennbar. Auf diese Weise ehrte Galilei seinen zwölf Jahre zuvor verstorbenen Freund, mit dem er so manchen Abend bei einem Glas Wein über Wissenschaft, Literatur und Philosophie diskutiert hatte. Sagredo kommt die Rolle des witzsprühenden Intellektuellen zu. Er nimmt die Ideen des nicht sonderlich einfallsreich benannten Simplicio auseinander, der das ptolemäisch-aristotelische Weltbild verteidigt. Salviati, der eine weise Versöhnung zwischen den beiden Weltbildern anstrebt, bewahrt Simplicio vor der Lächerlichkeit, wie etwa im folgenden Dialog:

Sagredo: Ich fühle Mitleid mit ihm [Aristoteles], wie mit jenem Manne, der unter ungeheurem Zeit- und Geldaufwand mit Hilfe von hundert und aber hundert

Werkleuten einen herrlichen Palast hat aufführen lassen und dann sehen muss, wie er der mangelhaften Grundmauern halber einzustürzen droht. Um nicht zu seinem Herzeleid die Mauern zerstört zu sehen, [...] sucht er dann wohl mit Ketten, Pfosten, Pfeilern, Stützmauern und Streben dem Einsturz vorzubeugen.

Simplicio: Thut mir die Liebe und sprecht mit größerer Achtung von Aristoteles. Wen wolltet Ihr jemals glauben machen, daß [...] der Vater der Logik, einen solchen Denkfehler soll begangen haben, daß er das als bekannt voraussetzte, was erst zu ermitteln ist? Meine Herren, man muß ihn vorher recht verstehen, und dann erst versuchen, gegen ihn anzukämpfen.

Salviati: Signore Simplicio, wir pflegen hier vertrauliche Erörterungen, um gewissen Wahrheiten auf die Spur zu kommen. [...] Die Logik ist, wie Ihr sehr wohl wißt, das Instrument der Philosophie. Aber wie jemand ein vortrefflicher Instrumentenmacher sein kann, ohne die Instrumente spielen zu können, so kann man ein großer Logiker sein, ohne genügende Fertigkeit in Anwendung der Logik zu besitzen.

Der ›Dialog‹ erschien 1632, nachdem er von den vatikanischen Zensurbehörden geprüft und mit dem päpstlichen Imprimatur versehen worden war. Das Buch wurde umgehend von den intellektuellen Kreisen Europas gefeiert. Es war rundum ein Meisterwerk, eine wissenschaftliche Abhandlung, die höchst philosophisch und zudem ein literarisches Kunstwerk war.

& Ideen

Es sollte jedoch nicht lange dauern, bis man den Papst darauf aufmerksam machte, daß Galileis neues Traktat weit davon entfernt war, das unparteiische Werk zu sein, als das es sich gab. Galilei hatte dafür Sorge getragen, daß Simplicio seinem Namen alle Ehre machte. Die Jesuiten, die es auf Galilei abgesehen hatten, weil er ihren geistigen Vater angegriffen hatte, behaupteten folglich, Galileis ›Dialog‹ schade der Kirche mehr und leiste mehr für die Protestanten als Luther und Calvin zusammen. Tatsächlich legte Galileo dem Simplicio die Einwände der Jesuiten des Collegium Romanum in den Mund. An einer Stelle benutzte er sogar wörtlich eine Entgegnung Papst Urbans VIII. Gleichwohl muß dies den Zensoren entgangen sein, sonst hätten sie wohl kaum das Imprimatur erteilt.

Erbost ordnete der Papst an, Galilei vor das Inquisitionstribunal zu zitieren. Allerdings befand er sich in einer verzwickten Lage, da das Buch zuvor von den päpstlichen Behörden genehmigt worden war.

Die Jesuiten fanden jedoch schon bald einen Grund, Galilei anzuklagen. Plötzlich entdeckte man in den päpstlichen Archiven ein (vermutlich gefälschtes) Dokument, das ihn belastete. Daraus ging hervor, daß Galilei vor vielen Jahren, 1616, um genau zu sein, während einer Audienz bei Kardinal Bellarmino, dem ersten Theologen des Papstes, ausdrücklich versprochen hatte, die verbotene Lehre »in keinerlei Weise für wahr zu halten, zu lehren oder zu verteidigen«. Das bedeutete, daß Galilei die Genehmigung für den ›Dialog‹ von den päpstlichen Behörden durch Täuschung erschlichen hatte. Unverzüglich erging ein Befehl, Galilei wegen »schweren Verdachts der Häresie« anzuklagen.

Galilei erkannte, daß er diesmal wirklich in der Klemme saß. Seine Feinde hatten es geschafft.

Öffentlicher Watschenmann *numero uno* zu sein, war keine besonders beneidenswerte Rolle, besonders wenn die Inquisition hinter den Kulissen lauerte. Es war erst fünfunddreißig Jahre her, daß der Philosoph und Wissenschaftler Giordano Bruno, der ebenfalls europaweit berühmt war, vor der Inquisition in Rom erscheinen mußte. Er hatte sein Ende auf dem Scheiterhaufen gefunden, einen Knebel im Mund, damit er seine ketzerischen Überzeugungen selbst im Angesicht des Todes nicht verkünden konnte.

Als die unvermeidliche Aufforderung, in Rom zu erscheinen, in Galileis Villa in den Hügeln von Florenz eintraf, behauptete Galilei sogleich, er sei viel zu alt und krank, um reisen zu können. Das war zufällig einmal kaum übertrieben. Mittlerweile war Galilei 68 Jahre alt, und seine Gesundheit hatte nachgelassen. Doch die »Ausrede« wurde nicht anerkannt. Die Einladung, die man Galilei geschickt hatte, gehörte zu der Sorte, die man nicht ausschlagen kann.

Galilei war überrascht, wie wohlwollend man ihn in Rom aufnahm. Statt der üblichen unterirdischen Zelle mit dem dazugehörigen Wärter erwartete Galilei eine Unterkunft, die sich sehen lassen konnte. (Er hatte sich inzwischen an einen eleganten Lebensstil gewöhnt.) Bei erster Gelegenheit leugnete Galilei, je ein Versprechen unterschrieben zu haben, wie das in dem »neu entdeckten« Schriftstück formulierte. Die Inquisitoren waren bereits zu ihren eigenen Schlüssen über dieses Dokument gekommen, und man war bereit, einen diskreten Kompromiß zu schließen. Man würde sich doch mit Sicherheit auf eine Formel einigen können, damit der ehrwürdige alte Herr mit einer Mahnung von hinnen geschickt werden konnte? Doch nicht alle Vertreter des jesuitischen Lagers waren milde gestimmt. Es gab auch solche, die an Galilei ein Exempel statuieren wollten, damit die Kirche nicht der Lächerlichkeit anheimfiel.

Papst Urban VIII. hatte bereits das dunkle Gefühl, daß die Dinge außer Kontrolle gerieten. Immerhin glaubten einige der besten Köpfe Europas, was Galilei behauptete. (Vielleicht hatte sogar er selbst es einmal geglaubt, obwohl er sich dessen nicht ganz sicher war.) Urban schwankte. Doch die Jesuiten wußten, wie sie die Entscheidung herbeiführen konnten. Sie flüsterten Urban ein, daß Simplicio niemand anderen als ihn porträtiere!

Galilei wurde prompt verurteilt – zu einer zeitlich unbegrenzten Gefängnisstrafe. Zuvor sollte er jedoch seinem Kopernikanismus abschwören. Im Verhör brach Galilei nach kurzer Zeit zusammen. (In Brechts Stück wird er nur zur Tür der Folterkammer geführt, wo man ihm die Werkzeuge zeigt. Die Szene hat keine Entsprechung in der Wirklichkeit, drückt aber eine gewisse poetische Wahrheit aus.) Galilei schwor seiner ketzerischen Wissenschaft ab: »Daher schwöre ich mit aufrichtigem Sinn und ohne Heuchelei ab, verwünsche und verfluche jene Irrtümer und Ketzereien und darüber hinaus ganz allgemein jeden irgendwie gearteten Irrtum, Ketzerei oder Sektiererei, die der Heiligen Kirche entgegen ist.« Es heißt allerdings, er habe leise gemurmelt: »Und sie bewegt sich doch!«

Galilei wußte, daß das, was er geschworen hatte, nicht zutraf. Er wußte ebenfalls, daß seine Bewunderer denken mußten, er habe sie und die Wissenschaft verraten. Er war ein gebrochener Mann. War er ein Feigling oder schlicht klug? Die Frage ist bis auf den heutigen Tag nicht beantwortet. Es ist keine einfache Frage, und jeder, der eine Antwort versucht, sollte die stolze, Aufmerksamkeit verlangende und doch höchst unsichere Persönlichkeit dieses Menschen berücksichtigen, wie auch seine lebenslange Hingabe an die Wissenschaft und seine tiefen Einsichten in die Natur. (Galilei war nicht aus dem Stoff, aus dem die Helden sind.) Aber vielleicht ist es freundlicher, ihn als weise zu bezeichnen.

Galileis Haftstrafe wurde vom Papst aufgehoben. Man schickte ihn statt dessen in die Villa in Arcetri und verbot ihm, seinen Wohnsitz zu verlassen. Die letzten acht Jahre seines Lebens verbrachte Galilei buchstäblich unter Hausarrest. Trotz seines Alters und seiner schlechten Gesundheit forschte er weiter. Erst 1637, wenige Monate vor seiner vollständigen Erblindung, entdeckte er, daß der Mond auf seiner Achse schwankte. Das wichtigste

Werk jener Periode war sein ›Discorsi e demonstrazioni matematiche intorno a due nouve scienzi‹ (Unterredungen und mathematische Demonstrationen über zwei neue Wissenschaften). Auch diese waren wieder ein Dialog zwischen seinem geliebten Sagredo, dem weisen Salviati und dem glücklosen Simplicio. In diesem Werk faßte Galilei seine Überlegungen zur Mechanik zusammen und lieferte die Ergebnisse der Experimente, die er im Verlauf seines Lebens gemacht hatte. Der französische Gesandte in Rom, der Comte de Noailles, schmuggelte es nach Paris. Inzwischen waren die Studenten aus Frankreich, Holland, England und Deutschland, die Galilei unterrichtet hatte, an den Universitäten ihrer Heimatländer zu Professoren ernannt worden. Sie sprachen dem Werk Galileis ihre Anerkennung aus, als es schließlich in Holland erschien, und gaben Exemplare an ihre Studenten weiter. Die große wissenschaftliche Umwälzung ließ sich nicht mehr aufhalten.

Galilei starb am 8. Januar 1642, krank und blind, aber in ganz Europa berühmt, so wie er es sich immer gewünscht hatte. Im selben Jahr erblickte in England Newton das Licht der Welt. Erst 350 Jahre später räumte der Vatikan endlich ein, daß ihm im Fall Galilei »Fehler« unterlaufen seien.

Anhang

Zeittafel

1564   Geburt in Pisa

1581   Beginn des Medizinstudiums in Pisa

1585   Galilei verläßt Pisa ohne Abschluß, um mit der Familie in Florenz zu wohnen. Tätigkeit als Lehrer und Tutor.

1589   Professor der Mathematik an der Universität von Pisa

1590–91   Niederschrift von ›De Motu‹ (Über die Bewegung)

1592   Erhält den angesehenen Posten des Professors der Mathematik an der Universität von Padua.

1609   Das soeben erfundene Teleskop erreicht Italien und wird von Galilei weiterentwickelt.

1610   Veröffentlicht den ›Sidereus nuncius‹ (Sternenboten), der großen Erfolg hat. Galilei zieht von Padua nach Florenz um, wo er unter dem Schutz des Großherzogs Cosimo II. steht.

1611   Führt sein neues Teleskop in Rom vor.

1614   Wird öffentlich von der Kirche angegriffen.

1616   Die Kirche »ermahnt« Galilei, sich nicht mehr zum kopernikanischen System zu bekennen oder es zu verteidigen.

1623   Veröffentlicht ›Il Saggiatore‹ (Der Prüfer mit der Goldwaage). Maffeo Barberini wird Papst Urban VIII. Er erteilt Galilei die Erlaubnis, ein Buch über die beiden Weltsysteme zu schreiben.

1632   Nach acht Jahren Arbeit veröffentlicht Galilei den ›Dialogo Di Galileo Galilei Linceo Dove si discorre sopra i due Massimis Sistemi Del Mondo Tolemaico E Copernicano‹ (Dialog über die zwei hauptsächlichsten Weltsysteme, das ptolemäische und das kopernikanische). Die Kirche zitiert Galilei nach Rom.

1633 Verurteilung durch die Inquisition zu lebenslänglicher Haft. Galilei schwört dem kopernikanischen Weltbild ab.

Verbringt den Rest seines Lebens unter Hausarrest in seiner Villa auf den Hügeln von Florenz.

1638 Das Manuskript der ›Discorsi e demonstrazioni matematiche intorno a due nouve scienzi‹ (Unterredungen und mathematische Demonstrationen über zwei neue Wissenschaftszweige, die Mechanik und die Fallgesetze betreffend) wird nach Holland geschmuggelt und dort veröffentlicht.

1639 Völlige Erblindung

1642 Tod im Alter von 77 Jahren

Bücher über Galileo Galileis Leben und Werk

James Reston:
Galileo Galilei. Eine Biographie, München: Goldmann, 1998
Die aktuellste Biographie, gut lesbar und sehr informativ

Pietro Redondi:
Galileo der Ketzer, München: dtv, 1992
*In diesem Buch werden hauptsächlich der Prozeß gegen Galilei
und dessen Hintergründe beleuchtet. Darüber hinaus liefert es
Informationen über kürzlich aufgefundene Dokumente aus den
Archiven des Vatikans.*

Galileo Galilei:
**Dialog über die beiden hauptsächlichsten Weltsysteme, das
ptolemäische und das kopernikanische**. Mit einem Beitrag von
Albert Einstein, Darmstadt: Wissenschaftliche Buchgesellschaft,
1982.
*Des Meisters Werk, eingeleitet von einem der größten
Wissenschaftler des zwanzigsten Jahrhunderts*

Albrecht Fölsing:
Galileo Galilei, Prozeß ohne Ende. Eine Biographie, Reinbek:
Rowohlt, 1996
*Auch der Einstein-Experte setzt sich mit dem exzentrischen
toskanischen Wissenschaftler auseinander.*

Mario Biagioli

Galilei, der Höfling

Entdeckungen und Etikette:
Vom Aufstieg der neuen Wissenschaft

Aus dem Amerikanischen von Michael Bischoff
512 Seiten. Geb.

Im Jahre 1609 entdeckt Galileo Galilei mit seinem Teleskop die
vier Jupitermonde. Dieses Planetensystem ist für ihn der sinn-
fällige Nachweis der Richtigkeit der Kopernikanischen Theorie.
Aber wie läßt sich diese neue Sichtweise durchsetzen? Schließlich ist das Teleskop noch kein anerkanntes Instrument zur
Sicherung naturwissenschaftlicher Erkenntnisse. Um diese aber
geht es Galilei mit seiner neuen Physik, obwohl er sich eigentlich als Mathematiker mit der bloß hypothetischen Konstruktion von Gestirnbahnen zu bescheiden hätte.

Doch binnen kurzem wird aus dem unbekannten Mathematikprofessor in Padua der hochdotierte Naturphilosoph am Florentiner Hof der Medici. Ein beachtlicher Karriereschritt für Galilei,
vor allem aber auch eine entscheidende Beförderung von Galileis
neuer Physik: Denn die Nobilitierung Galileis zum Naturphilo-
sophen bei Hofe wertet auch deren Erkenntnisansprüche auf.

Mario Biagioli schildert, wie geschickt und listenreich Galilei die
höfische Kultur für seine Zwecke zu nutzen wußte, selbst wenn
er in letzter Instanz – dem Inquisitionsprozeß von 1633 – damit
kein Glück hatte.

S. Fischer